普通高等学校艺术设计专业"十四五"规划教材

室内设计原理

主编　王利炯

副主编　吴善华　张毅　刘光磊

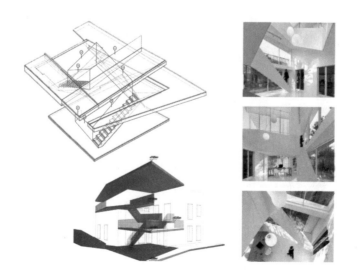

江苏大学出版社
JIANGSU UNIVERSITY PRESS

镇　江

图书在版编目(CIP)数据

室内设计原理 / 王利炯主编. — 镇江：江苏大学出版社，2019.7 (2022.8重印)
ISBN 978-7-5684-1119-6

Ⅰ. ①室… Ⅱ. ①王… Ⅲ. ①室内装饰设计 Ⅳ.
①TU238.2

中国版本图书馆 CIP 数据核字(2019)第 118494 号

室内设计原理

主　　编/王利炯
责任编辑/仲　蕙
出版发行/江苏大学出版社
地　　址/江苏省镇江市京口区学府路301号（邮编：212013）
电　　话/0511-84446464(传真)
网　　址/http://press.ujs.edu.cn
排　　版/镇江市江东印刷有限责任公司
印　　刷/南京璇坤彩色印刷有限公司
开　　本/787 mm×1 092mm　1/16
印　　张/20.5
字　　数/440 千字
版　　次/2019 年 7 月第 1 版
印　　次/2022 年 8 月第 2 次印刷
书　　号/ISBN 978-7-5684-1119-6
定　　价/69.00 元

如有印装质量问题请与本社营销部联系(电话:0511-84440882)

前言

Preface

　　马乔里·贝弗林曾说过："没有任何设计会比室内设计中的要素和原理更加明了、更具活力了。"的确，室内设计作为一个设计专业方向，在我国高等教育发展中从无到有、从稚嫩到成熟，经历的时间不过只有短短的二三十年。这期间，随着我国建筑产业的迅猛发展，无论是在城市还是乡村，大量新建筑正以前所未有的速度拔地而起，这为室内设计的发展带来了巨大的市场机遇，也造成了近些年来高等院校室内设计专业在招生和就业上持续火热的局面。但同时，我们应该非常清醒地认识到，室内设计专业这一学科的理论基础依旧十分薄弱，设计从业人员的整体素质还有待进一步提高，与世界上一些先进国家相比，无论是在社会基础、理论研究层面，还是在设计教育、设计实践层面，仍然有着不小的差距。

　　与许多实用性的专业学科一样，室内设计的学习注重设计理论与设计实践的并行。室内设计理论和室内设计实践之间既有明确的界限又相互联系：离开了设计理论的支撑，设计实践不过是简单的模仿与重复；同样，离开了设计实践的施行，设计理论也无法真正地落地与生根。而室内设计原理作为我们进行设计时应当遵循的普遍规律和基本原则，也并不是一成不变的。科技的发展、技术的进步、日趋复杂的空间功能及日益突出的环境问题，都对室内设计原理的内容提出了新的变化要求。

　　基于这样的撰写初衷，本书从室内设计理论层面的概念支撑、操作层面的技术保障和思维层面的方法剖析这三大层面的内容切入，以此帮助学生以最直接的理性方式来提高自身的专业水准，继而站在前人和同代人的集成智慧上，学究式地面对室内设计，即"他人之成功，就是我们的开始"。本书除了系统介绍室内设计的基础概念、基本原理等内容以外，更加注重室内设计中的方案过程引导、思维模型构建及技术方法训练，并通过一系列递进式的项目案例使学生更好地理解室内设计的全过程，掌握主要环节的工作要点和设计方法，培养其不断发现问题、分析问题及解决问题的能力。诚然，面对众多优秀的设计典范，或许我们已经无法完全知晓这些设计是怎样开始的，但其手法与过程是可以被吸纳提取的，并使我们最终得以叩开探究室内设计之门。

　　在本书的编写过程中，我们得到了湖州职业技术学院艺术设计学院多位老师和学生的热心帮助，在此表示衷心的感谢。由于我们的学识所限，书中难免有一些疏漏，希望能够得到专家和读者的批评指正，我们将不胜感激。

编　者
2019 年 6 月

王利炯

　　男，浙江省新昌县人，研究生学历，高级室内设计师，国家二级景观设计师，风景园林工程师。现为湖州职业技术学院专业教师，校研发中心主任，浙江省室内装饰职业技能鉴定专家委员会委员，中国建筑学会会员，主要从事室内设计、景观设计等方向的研究与实践。曾主持省级研究课题四项，发表专业学术论文十余篇。

目 录

Contents

第一章 室内设计概述

第四章　室内设计技术性之尺寸·材料·构造·设备

第五章　室内设计案例解读之概念思考与过程表达

第一章

室内设计概述

世界上的大多数人的大多数时间，都是在室内空间中度过的。人们在室内空间中学习、工作、休息、娱乐等（图1-1和图1-2），因而室内空间环境是整个环境体系中不可或缺的重要组成部分，直接影响着人们的生活与行为模式。

巴西圣保罗文化书店，可谓为每一位读者用心创造了舒适而又自由的阅读体验环境。

图 1-1 巴西圣保罗文化书店

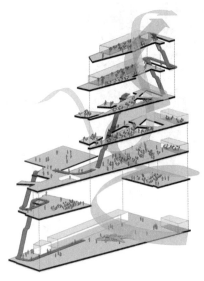

英国考文垂大学室内中庭，展现出了丰富、立体而又充满活力的情感空间。

图 1-2 英国考文垂大学室内中庭

从早期原始人类生活的洞穴场景及主题壁画中就可以非常清楚地看出，即使是在生产力和技术条件极其落后的时期，人类就已经有意识地规划、设计，甚至是美化自己的生存空间。在非洲、北美洲、北极、太平洋岛屿等地的一些部落民族，直到现在或不久之前，都还保持着原始的部落生活方式。非洲撒哈拉沙漠地区的马塔马塔人、北极地区的因纽特人及澳洲土著居民都还存在着某种"原始"的生活方式，其所居住的棚屋都可以视为人类住屋发展的证据（图 1-3）。

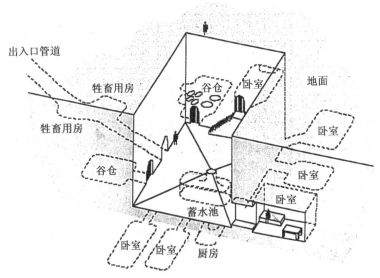

这种马塔马塔屋常做成一个中央院落，从地面挖下去形成一个深坑，院子下面有蓄水池，周围许多房间都在地下，并有一条很长的坡道通向院子，在坡道出入口的位置设有为家畜准备的饲养平台。

图 1-3 撒哈拉沙漠地区马塔马塔人的地下住宅

而从现存的古埃及、古希腊、古罗马、古印度及中国古代的各类建筑遗迹中，无论是石砌的还是木构的，无论是地上的还是地下的，我们都不难发现，当人类开始走出洞穴，慢慢学会为自己建造建筑的时候，室内装饰也就随之出现了（图1-4）。虽然室内装饰与建筑主体密不可分地演进发展了几千年，但两者真正产生形式上的分离，则是发生在17世纪以后。因此，室内设计无论是从其自身发展的角度来看，还是从专业学科发展的角度来看，历史都不算太长。

浙江省长兴县八都岕古银杏村落内木结构戏台顶面装饰细部

罗马万神庙入口门廊顶面装饰细部

图1-4　中外古建筑装饰细部

20世纪以来，随着建筑设计理论思潮更替迭起，建筑结构技术飞速发展，新材料、新技术不断涌现，建筑内部空间日趋扩大，空间使用功能愈加复杂，室内设计已经不能单纯地停留在关注装饰与美化上，还需要综合运用现代技术手段与方法，创造安全、健康、舒适、优美的室内空间环境，全面满足人的生理和心理需求。通过近半个多世纪的演进发展，室内设计已逐渐形成为建筑设计的一个重要分支。

那么，什么是室内设计？室内设计与建筑设计又存在着什么样的关系？室内设计与室内装潢、室内装饰、室内装修之间，又存在着哪些区别？针对这些问题，我们就尝试先从室内设计的基本概念与内涵入手，并做简要的分析和介绍，从而逐步建立起一个以实践为依托的完整的室内设计认知链条。

第一节　室内设计的基本概念与内涵

1. 室内设计的定义

"室内设计"这一名称，从字面意思上来理解，是指人们对建筑内部空间所作的一种有意识的创造性活动，是一种寻求解决室内空间实际问题的方法与过程，这一概念本身就包含了丰富的专业内涵。如果从建筑专业背景角度来看，室内设计就是针对顶棚、墙面、地面三大界面的空间设计，特别强调空间性和功能性；如果从艺术专业背景角度来看，室内设计就是对风格、色彩、线条、图案、肌理等形式要素的美学处理，特别强调装饰性和艺术性。确实，这些认识都有其合理性和科学性的一面，但要更加准确、客观地把握室内设计的含义，就必须站在更高、更广阔的背景视角来系统地看待这个问题。

《辞海》一书中对室内设计的定义为："对建筑内部空间进行功能、技术、艺术的综合设计。根据建筑物的使用性质、所处环境和相应标准，运用技术手段和造型艺术、人体工程学等知识，创造舒适、优美的室内环境，以满足使用和审美的要求。"

美国前室内设计协会主席亚当认为："室内设计的主要目的是给予各种处在室内环境中的人以舒适和安全，因此室内设计与生活息息相关，室内设计不能脱离生活盲目地运用物质材料去粉饰空间。"

我国的张青萍教授则更加深刻而形象地指出："室内设计就是戴着镣铐的舞蹈，所谓戴着镣铐是针对室内设计的受制约性而言的。室内本身对实用性和环境的内在要求，使得室内设计不能像其他艺术创意那样天马行空，而要受到来自实体和艺术方面的诸多限制。"

也有学者认为："室内设计是建筑设计的继续、深化和发展，是室内空间环境的再创造。"

还有学者认为："室内设计是建筑的灵魂，是人与环境的联系，是人类艺术与物质文明的结合。"

因此，对于室内设计这一概念，有几个特征是显而易见的：第一，与建筑有不可分离的伴生性；第二，具有复杂的综合学科特点；第三，强调艺术性和技术性的紧密结合；第四，是室内空间环境的规划与创造。

至此，我们可以把室内设计的定义简要地概括为：基于建筑使用性质与功能，并根据室内空间现有基础与条件，综合运用技术手段和设计方法，创造安全、健康、舒适、优美的室内环境，满足人复杂而多层次的物质与精神需要（图1-5和图1-6）。从本质上来看，室内设计就是对于空间的思考、理解、组织与规划，就如建筑大师赖特所说的那样："真正的建筑并非在它的四面墙，而是存在于里面的空间，那个真正居住和使用的空间"。

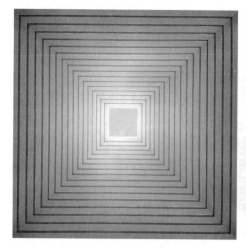

中央顶部有一个采光天井，人的视线不自觉地就会被引入顶部的空间，层级向上不断收缩的造型更是凸出了向上升腾的动感，不禁让人联想到罗马万神庙中央穹顶的造型。

图 1-5 英国"教友之家"会堂

在日本的这所幼儿园里，有一个巨大的天井空间，它既可以为室内带来良好的日照和通风，也可以成为一处供孩子们戏水的乐园。

图 1-6 日本某幼儿园

2. 室内装潢、室内装饰与室内装修

在日常生活中，我们可能都听到过室内装潢、室内装饰、室内装修这几个名词，的确很多时候人们都把它们与室内设计混为一谈，而事实上，它们之间有着一定的区别和差异。

室内装潢主要包含两方面的内容：一是指土建工程项目完成后，继续对该工程进行特别的艺术深化装修；二是已建工程改变用途，进行改装时的特别艺术深化装修。室内装饰是为了满足视觉艺术要求而进行的一种附加艺术装修，既关注材料与技术的合理性，也涉及后期如家具、灯具、绿化等陈设及配置。室内装修则更侧重于装饰构造、施工工艺等工程技术方面的综合处理，是在土建工程完成后，对顶面、墙面、地面以至照明、通风、设备的整体装设与修饰。

综上所述，室内设计一词的内涵远比室内装潢、室内装饰和室内装修要广泛而丰富

得多（图1-7），它是一种极具创造性与艺术性，同时又不失技术性与组织性的创作过程，是对装饰及装修概念的延伸和发展，具有鲜明的时代标签和含义。

巨大的阶梯形台阶式的休憩互动空间，满足了学生们交流和聚会等多种需求。

图1-7　德国斯图加特某大学的一处室内公共空间

3．室内设计的目标与责任

任何设计的终极目标都是为人服务，室内设计同样也不例外，其目标是为人们创造理想的室内空间环境，满足人们多样化的生活需求。就如程大锦教授在《室内设计图解》一书中所说的那样："任何设计都不应该是简单的、重复的图形制作运动，它必须建立在新思维的基础之上，其最大的目标在于改善人类的生活。"

因此，室内设计的目标中，人是主角，一切物化形式都是它的陪衬与依托，设计的过程就是将人的生活方式和行为模式合理物化的过程，这就需要设计师对人与物、物与物、人与人之间的关系有清晰而准确的定位，透过科学的方法与手段，将体验、尊重、关怀、故事赋予室内场所与空间（图1-8 和图1-9）。

顶部明亮的自然采光、内凹的私密化阅读空间，以及能满足不同阅读姿势的座椅，可谓是处处有关怀式的设计。

图1-8　别致的阅读区

给人舒适感的功能、明快的色彩，创造出了一个充满活力、新思想不断碰撞的小空间。

图 1-9　某公司的头脑风暴区

简单概括起来，室内设计的目标集中体现在以下五个方面：

① 在空间受诸多因素的制约下，最大限度地协调与化解空间矛盾，寻求功能与形式上的统一（图 1-10）。

通过构筑一个木制的结构造型，很好地衍生了使用功能。

图 1-10　某小型办公空间

② 通过合理的规划与设计，改善原有空间内部的物理性能，包括采光、通风、照明、温度控制、智能化等（图1-11）。

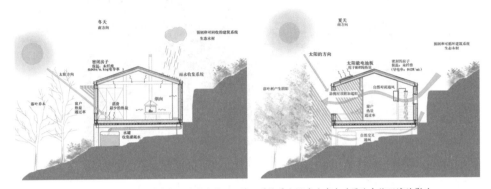

良好的规划与设计能创造出舒适的室内物理环境，并能最大限度地减少对周边自然环境的影响。

图 1-11　　住宅空间内部的物理性能设计

③ 创造一个真正属于使用者自己的空间，使其需求、情感、体验都能够得到充分的尊重和满足（图1-12）。

该空间满足人们多样化的社会活动需求，让每一个人的情感、思想和需求都得到充分的尊重。

图 1-12　　加拿大某处室内公共活动中心

④ 引导和改变使用者的生活模式和行为习惯，构建积极、稳定、健康、可持续的室内空间环境（图1-13）。

可变式组合家具可供交谈、喝茶、阅读和休息，这样良好的设计充分尊重人的内在需求，并能够影响和引导人们建立起健康而积极的行为习惯。

图 1-13　　某公司的一处休憩区

⑤ 与外部建筑空间密切统一（图1-14）。正如建筑大师贝聿铭所说的那样："我们希望有一个属于我们时代的建筑，另一方面，我们又希望有一个可以成为另一个时代的建筑物的好邻居的建筑物。"

澳大利亚某儿童医院的建筑外观与室内中庭　　　　德国麦当劳慈善之家的建筑外观与室内空间

图1-14　内外部建筑空间的交融与统一

第二节　室内设计的内容及特征

1. 室内设计的内容

室内设计是一个非常复杂而又充满挑战的创作过程，内容涵盖面很广（图1-15），归纳起来，大致表现在以下几个方面：

(1) 室内空间再设计与再创造

室内空间再设计与再创造，是室内设计首先要考虑的问题，旨在解决空间与功能之间的关系。威诺·麦思在《工作空间设计》一书中写道："对建筑设计完成的一次空间，根据具体的使用功能和视觉美感要求而进行的空间三度向量的设计，包括空间的比例尺度、空间与空间的衔接与过渡、对比与统一的问题，以使空间形态和空间布局更加合理。"因此，在对既有建筑空间思考、分析、理解的基础上，室内设计就是一种空间的再创造活动，以重新安排和组织空间秩序，完善和优化空间功能，重塑和调整空间形态（图1-16）。

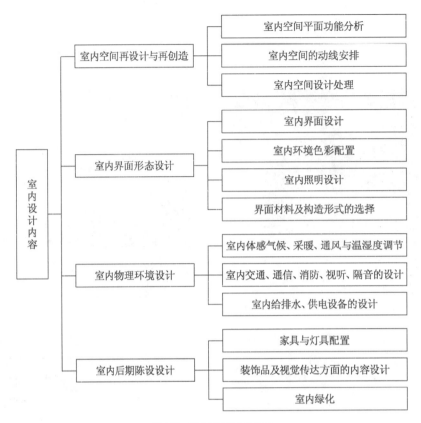

图 1-15　室内设计的内容构成

该中庭被一座风格典雅的玻璃钢铁结构的屋顶密封起来，这样原来的外部空间得以重新利用，成了博物馆内部空间的一部分。

图 1-16　伦敦大英博物馆的大中庭

(2) 室内界面形态设计

在原始建筑的内部空间，可通过对墙面、地面、顶面等空间界面的处理，使空间功能性与装饰性都达到很好的效果，因此，对界面的形态设计是室内设计又一重要的环节。即通过特定的装饰材料、可靠的构造方式、规范的施工工艺来重新塑造空间，传递界面独特的肌理、图案、色彩、层次等视觉美感（图 1-17 和图 1-18）。

天花与墙面造型融为一体并充满了动感，带给人穿越隧道一般的空间体验。

图 1-17　墨西哥某娱乐空间室内过道

曲面墙上的格子梁传递出了建筑的结构之美。

图 1-18　台湾东海大学路思义教堂内部空间

（3）室内物理环境设计

随着现代室内空间在结构上、功能上越来越趋于复杂与多样，高品质室内环境的实现在很大程度上都取决于若干室内物理环境因素，比如通风、采光、照明、空调、给排水等技术设备。而作为一名室内设计师，真正要关心和处理的，就是如何协调这些设备与空间结构的关系、设备与界面形态的关系，以及设备与视觉美学的关系，在保证设备发挥正常功效、安全运行的前提下，最大限度地解决结构和审美的矛盾（图 1-19）。只有真正处理好了这些矛盾和关系，才能创造出一个稳定、舒适、安全、健康、绿色的室内空间环境。

图 1-19　采用设备裸露方式的某公司内部吊顶

（4）室内后期陈设设计

室内陈设设计，也称为室内软装饰设计，是室内设计的最后一个阶段，是在室内整体空间构造、界面形态、物理环境等环节完成之后，使用家具、灯具、织物、艺术品、植物等元素，对空间所做的点缀、布置与配饰。它不仅软化和柔和了室内空间，更给空间增添了浓郁的艺术氛围和自然的生活气息，为使用者带来了愉悦的情感体验与精神享受（图 1-20）。近年来，随着我国浙江、山东、江苏、海南等多个省份相继出台住宅全装修实施条例与管理办法，各地都在逐步加快推进住宅全装修工作，陆续淘汰毛坯房，全面推行全装房。全装房并不是简单的毛坯房加装修，而是土建、装修设计施工一体化和厨卫安装一体化。按原建设部规定，住宅装修设计应该在住宅主体施工动工前进行，也就是说，住宅装修与土建安装必须进行一体化设计。不难预见，在接下来的若干年，对于家装行业与企业来说，这一政策的推行将势必引起市场的重新洗牌。而室内后期的陈设设计，在住宅室内设计中的地位将变得愈加突出，其个性高端化、私人定制化的特征将变得愈加明显，必将迎来一场全新的发展机遇。

后期的软装设计对于室内整体风格起着至关重要的作用。

图 1-20　后期的软装设计

2. 室内设计的特征

所谓特征，就是一个事物区别于其他事物特殊性的外在表现。虽然室内设计是从建筑设计中逐步演化和分化出来的，但在过去相当长的历史时期内，建筑设计不仅涵盖了建筑室内外空间设计，甚至还包括了家具与陈设设计。随着社会的发展，人们对室内空间的使用功能和精神功能要求越来越高，使得室内设计也越来越具备了自身的特殊性与独立性，传统的建筑设计与施工在室内设计领域已经越来越难以满足现实要求。因此在这种情况下，室内设计就基本上从建筑设计的母体中逐渐剥离出来而成为相对独立的专业领域，在学科发展上，也表现出强烈的边缘学科特征，既有艺术设计类学科的一般共性，又有工程技术类学科的特点，而所有这些，共同构成了室内设计的几大鲜明特征。

(1) 功能性特征

室内设计归根结底是以满足人的需求为最终目的的，离开了特定的需求，设计就失去了意义，也就失去了存在的价值。设计的过程就是为人们创造功能性场景空间的过程，就是遵循美的原则和方法来创造环境形象的过程，从而确保人们安全、有效和舒适地使用室内空间。例如，观影厅、报告厅、剧场等室内空间的设计，就需要特别考虑视听功能性的问题，在空间造型与尺度上要符合国家相关技术规范，在界面选材与施工工艺上要满足声学、光学等物理性功能要求（图1-21），只有在这个前提下，设计才有意义。

(2) 限定性特征

室内设计作为建筑设计的继续和延伸，它与建筑始终是密不可分的，可以说是建筑本身的结构和形式，决定了其内部空间的尺度和形态，也只有建筑设计技术水平的提高，才能带动建筑室内空间规划的完善。正因为如此，室内设计并非如艺术创作般的自由随性、天马行空，相反，其过程受到种种现实条件的束缚和限制，可以说，室内设计只是设计要求、设计限定下的自由和理性的艺术创作，是限定条件下的审美形态创作活动。室内设计的构思过程充满了艺术的感性、自由和奔放，但同时它又无时无刻不受到建筑条件、特定场所及技术规范的限定，受到材料、工艺、造价等多种客观因素的限制。一个室内设计项目从方案构思到方案成形，从图纸设计到现场施工，项目的顺利实现就是对设计条件、制约因素不断协调的结果，是持续解决结构与功能矛盾的产物（图1-22）。

(3) 审美性特征

室内设计的过程就是空间审美探求的过程，创造具有情感感染力和艺术表现力的室内环境，让使用者得到视觉上的愉悦感和心理上的舒适感（图1-23）。审美探求的独创性必然代表了设计的一个本质属性，其具有多种创造性思维的特点，注重用创新的思维、理性的程序、科学的方法解决实际问题。

场景　娱乐室　空气污染治理中心

后台　舞台　管弦乐团　衣帽间和更衣室　门厅主楼梯　售票处

图 1-21　巴黎某剧院内部空间

　　在这栋建筑的原始场地上有一棵树，设计师为其专门保留了一块类似天井的露天小空间，为了消除过于沉闷的闭合感，建筑沿街道一侧采用了镂空墙的方式，二楼阳台栏杆也呼应了这一形式，并为树干的延伸留下了充足的空间，使建筑与环境恰如其分地融为一体。

图 1-22　现实条件束缚和限制下的方案设计

随着时代的发展和人们审美意识的提高，室内设计的这种审美性特征正在变得愈加明显。加之新材料、新技术的不断涌现和扩散，以及声、光、电的协调配合，为室内设计提供了无限的素材和灵感。简而言之，得益于现代工程技术和艺术创作美学的完美结合，室内空间的设计美学被带到了一个全新的高度。

该空间充满了情感表现力与艺术表现力。

图 1-23　某公司内部的办公空间

(4) 开放性特征

开放性是一个系统得以不断向前发展、稳定存在的必要前提和条件，而室内设计正是建立在这种开放性的基础之上的。时代的发展和进步必然带来室内功能的变化，室内功能越来越趋于复杂和多变，新材料、新技术层出不穷，人们的审美观也随之不断改变，而这些变化会与原系统冲突并使其产生张力。正是因为开放性特征的存在，室内设计系统能准确地捕捉到这些变化因子，并形成积极而有效的信息反馈；室内设计系统能在一定的条件下完成自我迭代和更新，持续不断地创造出适应时代特征和文化符号的室内空间。

第三节　室内设计行业与室内设计师

霍维国先生在其《中国室内设计史》一书中言简意赅地写道："从整个人类的营造

历史来看，自从有了建筑活动，就有了室内装饰。"只是寥寥数字，就把室内设计与建筑两者之间的关系极其精准地表述出来。因此，室内设计实际上是伴随着建筑的兴起而产生的，它们具有不可分离的母子系统性，勒·柯布西耶设计的萨伏伊别墅的室内外空间都极其简约洁净，没有任何喧宾夺主的装饰，室内空间的设计与整个建筑融为一体，完美地诠释了建筑的风格特征（图1-24）。

该别墅是现代主义建筑的经典作品之一。这幢白房子表面上看来平淡无奇，简单到几乎没有任何多余的装饰，唯一可以称为装饰部件的是横向长窗，这是为了能最大限度地让光线射入室内。在设计之初，柯布西耶原本的意图是用这种简约的、工业化的方法建造大量低造价的平民住宅，结果却成就了一件伟大的作品，它所表现出的建筑原则影响了现代建筑半个多世纪的走向。

图 1-24　萨伏伊别墅

1. 室内设计行业

室内设计是一个相对年轻的行业，这个行业是在 20 世纪早期才逐渐出现的，而行业真正开始出现生机勃勃的繁荣景象，则是在第二次世界大战结束以后。室内设计行业最初的兴起要归功于对室内装饰兴致勃勃的一些业余爱好者，当时的女性对于推动该行业的发展起着不可忽视的作用。随着女权运动、女性参政运动的蓬勃发展，相当多的女性走出家庭，步入职场，而担任室内家居、室内装饰方面的顾问对于当时的女性来说，不得不说是一个既体面同时又能带来较为稳定收益的工作。

1897 年，伊迪斯·华顿和奥格登·科德曼一起出版了《房屋装潢》一书，1913 年，埃尔西·德·沃尔夫出版了《品味出众的房屋》一书，正是在这两本著作的影响下，室内设计行业风靡一时，社会上出现了一大批室内装潢设计需求项目，而室内装潢师、室内设计师这一类的职业慢慢独立发展了起来，"室内建筑师"这个术语也开始在业界流行开来。在此后相当长的一段时间内，得益于良好的业界生态发展环境，室内设计作为一个行业正式被社会与公众所认同，行业规范、准入规则、培训体系等也逐步建立起来，在设计实践上也出现了大量有影响力的作品和出色的室内设计师。

到了 20 世纪 50 年代，室内设计已经完全从建筑设计体系里面分化独立出来，开始走上自己的快速成长之路。

"英国装潢师联合协会"（IIBD）成立于 1889 年，并于 1953 年在机构名称中加入了"室内设计师"这几个字，1976 年，机构名称则完全去掉了"装潢师"一词，更名为"英国室内设计协会"（SBID），1987 年，这个协会最终更名为"注册设计师协会"（CSD）。

"美国室内装潢师协会"则成立于 1931 年，1975 年正式更名为"美国室内设计师协会"（ASIO）。"美国室内设计师协会"是全世界最大的室内设计师组织，在美国和其他国家共有超过 3 万名会员。作为一个组织，"美国室内设计师协会"的愿景有以下几点：① 室内设计师凭借自身专业技能和设计实践，创造优质的室内环境，以此成绩来确定室内设计师的职业地位；② 通过知识共享、业务合作使室内设计团体、合作伙伴和客户取得项目成功；③ 提供高于客户期望值的室内设计师行为准则；④ 加深对日益变化的工作和生活环境的理解。

在亚洲，日本于 1958 年成立了"日本室内设计师协会"（JID），成立伊始就致力于推动实现现代设计理念，维护室内设计工作者在专业、文化和法律方面的权益。

虽然室内设计行业在欧美等国已经历了一百多年的发展，但在我国，发展时间只有短短的二三十年。我国室内设计无论是在社会基础、理论研究层面，还是在设计教育、设计实践层面，与那些先进国家相比，还有着不小的差距。近些年来，随着我国全方位对外开放的格局不断扩大，与先进国家的交流合作日益紧密，这种差距正在逐步缩小，最前沿的设计理念、设计方法、技术手段正在业界逐步推广和应用，一些有国际影响力的设计作品不断涌现。

"中国建筑学会室内设计分会"，是我国广大室内设计工作者的专业性学术团体，简称"中国室内设计学会"（CIID），其前身是成立于 1989 年的"中国室内建筑师学会"，会址位于北京，它是获得国际室内设计组织认可的中国室内设计师的唯一学术团体，是中国室内设计行业最具权威的学术组织。CIID 致力于提高中国室内设计的理论和实践水平，发展与世界各国同行间的交流与合作，切实维护室内设计师的权益。学会每四年举行一次会员代表大会，由理事会召集。理事会是会员代表大会的常设机构，理事会会议每年举行一次，由会长召集。理事会产生会长、副会长、秘书长，每届任期四年。2000 年，CIID 与韩国、日本室内设计学会共同发起筹办亚洲室内设计联合会

（AIDIA），并举办过多次学术交流与教育交流会。2003 年 CIID 又正式加入"国际室内建筑师/设计师团体联盟"（IFI），以加强国际学术交流活动。

室内设计行业，依据空间使用的特点，主要可以分为两大类：一类主要面向人们的日常家庭居住和生活类空间，称之为住宅类室内设计（或简称为家装设计）；另一类主要面向人们的日常工作、娱乐、休闲、交际、服务等空间，称之为公共类室内设计（或简称为公装设计）（图 1-25）。

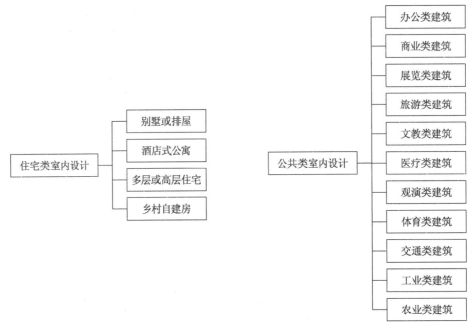

图 1-25　室内设计行业分类示意图

住宅类室内空间主要服务于人们日常家庭居住和生活需求，是以家庭为主要单位。室内空间功能相对较为简单与固定，一般可分为休息、休闲、读写、烹饪、就餐、洗漱、晾晒、储藏等基本功能，以及娱乐、健身、办公等扩展功能。相应地，在室内功能空间划分上，住宅类室内空间大致可以分为客厅、餐厅、厨房、卧室、书房、卫生间、阳台、储物间等空间。室内设计的过程就是在特定建筑结构的框架范围内寻求空间的有机组合与统一，寻求建筑内部整体空间规划的合理性和日常生活的便利性，哪些空间是主要的，哪些空间是相邻的，哪些则应是分隔或相容的（图 1-26）。

如包豪斯所倡导的那样，一切设计都要重视功能，室内空间尤为如此。这就要求设计师必须充分尊重客户的最本质需求，在设计过程中要时常保持与客户的密切交流，大到空间的功能布局，小到插座的具体位置，处处彰显以人为本的设计细节。

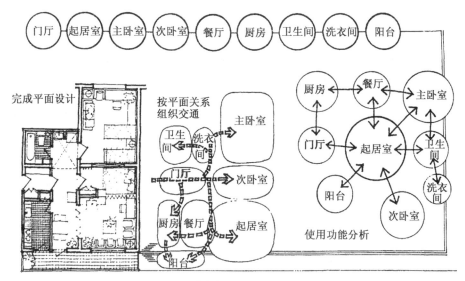

图 1-26　住宅类室内设计空间功能分析

相比于住宅类室内空间，公共类室内空间的种类就要复杂和多样得多。一般按照其建筑的使用性质，公共类室内空间分为办公类空间、商业类空间、展览类空间、文教类空间、医疗类空间、旅游类空间、观演类空间、体育类空间、交通类空间、工业类空间、农业类空间等。不同性质的建筑及使用群体，对于室内空间的具体使用要求有着明显的差异，在功能要求、空间尺度、设计风格、色彩搭配、材料选择、物理环境等方面都有所不同，从而传递出各自鲜明的空间场所特征（图 1-27）。

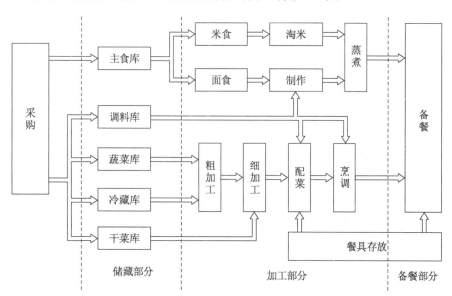

图 1-27　厨房生产流线示意图

公共类室内设计的业主多为企事业单位或团体，空间的使用群体虽然一般在范围上有所指向，但大多数情况下又是相对模糊与不确定的，因此，在设计的过程中，除了与业主保持必要的沟通外，还需要为不同的使用人群进行设计与规划，并在国家与地方的相关法规与规范框架内有效实施。此外，由于公共类室内设计项目一般投资造价较高，为了更好地规范与引导整个行业市场，控制工程设计与施工进度，确保工程质量与品质，业主往往会采取设计招投标的方式，进行方案的公开、透明遴选，比较不同设计团队的设计方案。一般会邀请三家及以上具有国家等级资质的设计单位，共同参与项目的竞标，通过现场汇报设计方案、多位专家评分的方式，并根据商务标与技术标两项综合得分，最终确定中标设计单位人选。

2. 室内设计师

室内设计牵扯到的知识面很广（表 1-1），不仅涉及艺术层面，而且涉及技术层面。室内设计是一个极为复杂的创作实现过程，需要将使用者的需求和现有空间的特征综合考虑，同时还要确保设计方案足够新颖。因此作为室内设计师，应该对建筑本身有相当多的了解，对装饰材料的特性有充分的认识，对装饰细部构造、施工工艺了然于胸，同时还应该具备造价成本意识。此外，室内设计师还应该非常熟悉本学科的发展历史，而且还要与时俱进，并对当下的流行趋势具有一定的敏感度，充分了解国内外最新的行业动态和发展趋势。就像曾任美国室内设计师协会主席的亚当所说的那样："室内设计师所涉及的工作要比单纯的装饰广泛得多，他们关心的范围已扩展到生活的每一个方面，例如住宅、办公、旅馆、餐厅的设计，提高劳动生产率，无障碍设计，编制防火规范和节能指标，以及提高医院、图书馆、学校和其他公共设施的使用率等。总而言之，室内设计师的工作就是给予各种处在室内环境中的人以舒适和安全。"

表 1-1　室内装饰设计师（国家职业资格二级）职业能力特征

职业功能	工作内容	技能要求	相关知识
设计创意	设计构思	能够根据项目的功能要求和空间条件确定设计的主导方向	① 功能分析常识； ② 人际沟通常识； ③ 设计美学知识； ④ 空间形态构成知识； ⑤ 手绘表达方法
	功能定位	能够根据业主的使用要求对项目进行准确的功能定位	
	创意草图	能够绘制创意草图	
	设计方案	① 能够完成平面功能分区、交通组织、景观和陈设布置图； ② 能够编制整体的设计创意文案	① 方案设计知识； ② 设计文案编辑知识
设计表达	综合表达	① 能够运用多种媒体全面地表达设计意图； ② 能够独立编制系统的设计文件	① 多种媒体表达方法； ② 设计意图表现方法； ③ 室内设计规范与标准
	施工图绘制与审核	① 能够完成施工图的绘制与审核； ② 能够根据审核中出现的问题提出合理的修改方案	① 室内设计施工图知识； ② 施工图审核知识； ③ 各类装饰构造知识

职业功能	工作内容	技能要求	相关知识
设计实施	施工技术指导	能够完成施工现场的设计技术指导	① 施工技术指导知识； ② 技术档案管理知识
	竣工验收	① 能够完成施工项目的竣工验收； ② 能够根据设计变更完成施工项目的竣工验收	
设计管理	设计指导	① 指导室内装饰设计员的设计工作； ② 对室内装饰设计员进行技能培训	专业指导与培训知识

如今在欧美许多国家，室内设计师已经与建筑师、工程师、律师一样成为一种需要具备相当专业化能力的职业（表1-2）。按照美国室内设计资格国家委员会的定义，专业的室内设计师应该受过良好的教育，具有一定的经验，并且通过资格考试，具备完善内部空间的功能与质量的能力。因此，现代室内设计师应该具备专业化的职业素养与标准，归纳起来集中表现在以下几个方面。

表1-2　美国与室内设计行业关联性较大的其他相关职业

职业	定义
历史建筑改造设计师	为历史建筑的修复和重建工作的人员
买家	为部门或者商家选购商品的人员
色彩咨询师	帮助客户解决居住空间或者非居住空间设计中与色彩相关问题的人员
媒体设计人员	以报纸、杂志或出版物为商机解决各种各样内部设计问题的人员
绘图员	为建筑师、设计师、建造师、陈设与配饰制造商绘制精确设计图的人员，通常采用计算机绘图
教育工作者	在获得较高学位以后，在大学或者学院从事设计教育工作的人员
物业管理人员	为公司服务，解决空间和设备使用等问题的人员
纯艺术和配饰设计师	为个人或者公司选择和购买艺术品与配饰的人员
历史建筑保护设计师	对历史建筑进行维修和保护，使其保持历史原貌的人员
照明专家	在设计过程中进行照明规划设计的人员
采购代理	按照设计师的要求制定订单、协调关系、组织安装的人员
三维渲染人员	为室内空间制作三维效果图，表达设计师的设计意图和理念的人员
展示设计师或舞美师	为电视台、影视院和影视公司工作，或者为家具公司、广告制造商进行展示设计的人员
绿色设计顾问	帮助设计师或者业主选择材料，确保环境的可持续性的人员
无障碍环境设计师	专为老年人或者残疾人士进行空间设计的人员

(1) 沟通协调能力

一个好的室内设计作品能够最终顺利呈现，不是靠设计师创意与灵感的肆意发挥，也不是靠设计图纸表现得有多么精美绝伦，相反，它是设计师、业主、施工方、监理方、设备方等多方沟通、协调的结果，是设计师在特定的限制条件下综合协调多种设计矛盾的结果（图1-28）。只有通过不断的沟通甚至是反复的沟通，才能真正把握业主的本质需求，包括非常私人化的价值倾向和审美偏好，并通过语言、图纸向业主清晰传递设计方案、预想效果、设计细节；才能与施工方、设备方达成合理的施工方案，解决工程实际问题，最终把方案从图纸完全落实到实物。

图1-28　设计方案的沟通与协调是项目逐步成形、落地的基本保证

(2) 方案设计能力

设计方案是设计概念从虚到实的技术落实过程，是设计师最为核心的能力，是设计师使用专业的图形语汇将概念落实于纸面，产生出专业化、技术化和形象化的方案（图1-29）。这就要求设计师在前期调研、条件分析中能及时归纳和提炼各种信息，通过设计思维过程，在功能布局、空间造型、界面形态、色彩处理等方面进行表达，并形成特定的图纸。

图1-29　湖州市公共实训中心室内改造设计（方案设计：王利炯）

经过图形化表达的空间设计方案，最终还有一个转化过程，这就是方案的可实施性设计，或者称之为施工图深化设计。具体的方案必须落实到施工图纸的层面，才真正具备施工的可操作性，设计者需要从功能、审美、技术等层面对各种施工的可能性进行权衡（图1-30）。当然，在实际的施工过程中，还存在对原方案需做进一步修正和优化的可能性，一个成熟的方案必然要经过实践的检验。

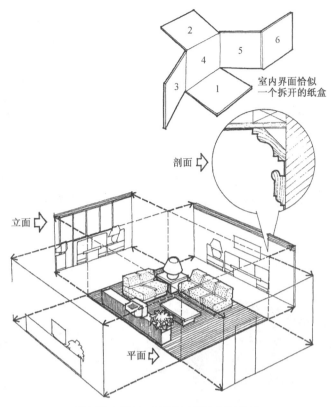

图 1-30 平面图、立面图和剖面图的绘制原理

(3) 方案表达能力

传统的设计方案表达形式，基本是设计师主观思维与客观手绘结合的结果，而今，则已经基本被计算机等新型媒介所替代，这倒不是说谁优谁劣的问题。现代设计表现，更讲究作图效率与社会分工，更注重空间环境的真实体验感，更重视绘图的规范性、制图的精确性及出图的便利性。因此在方案表达形式上，电脑绘图全面取代手工绘图事实上是不可避免的，是社会和科技发展所产生的必然趋势（图 1-31 ~ 图 1-34）。而一个优秀的室内设计师，如果兼具这两种表达能力，在方案设计的不同阶段，选择性地侧重或结合应用，那么就能给设计带来意想不到的效果，最终达成方案的完美呈现。

图 1-31 室内空间效果图表现（3DS MAX 软件）（绘图表现：王利炯）

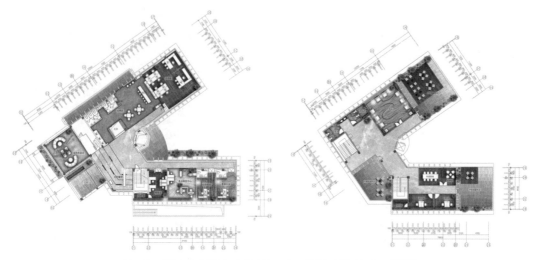

图 1-32　彩色室内总平面图表现（Photoshop 软件）（绘图表现：王利炯）

景观鸟瞰效果图表现（3DS MAX软件）　　　彩色规划总平面图表现（Photoshop软件）

图 1-33　景观鸟瞰效果图及彩色规划总平面图表现（绘图表现：王利炯）

图 1-34　建筑与景观效果图表现（SketchUp 软件）（绘图表现：王利炯）

（4）施工跟踪能力

俗话说，实践是检验真理的唯一标准，这句话也同样适用于图纸落实到施工的过程。对于一个室内设计项目来说，方案设计的完成仅仅代表了想法落实到了图纸，而从图纸落实到实物，就是所谓施工跟踪的环节，这个环节的成功与否直接决定了室内环境的最终效果（图 1-35）。所以室内设计师不仅是一名方案设计师，更应是一名施工现场的沟通协调师，负责从图纸方案贯彻到施工细节的每一个过程，确保空间的风格、造型、尺度、比例、功能、材料、色彩、灯光等要素完整地按照图纸上的设计方案来实现。设计师的现场施工跟踪能力是检验其专业素养的关键点，良好的沟通力与决策力是项目顺利实施的基本保证，也只有经过实施的设计方案，才可以说接受了市场与实践的检验，才能被真正称为作品。

图 1-35　某高校食堂室内设计施工跟踪与记录（方案设计：王利炯、万蕴智）

(5) 软装配饰能力

室内施工工程完工后，还要进一步为空间环境加入家具、灯具、窗帘、绿化、艺术陈设品等后期软装配饰，以营造特征鲜明、视觉丰富的环境氛围。这就要求室内设计师具备相当的审美能力，恰如其分地处理好室内风格、色彩、材质、比例等美学关系，为室内空间创造视觉中心、趣味主题甚至是对比与冲突（图1-36）。总之，好的软装配饰能有效提升空间的使用品质，起到画龙点睛的作用，相较于偏理性的技术层面，其对设计师在审美素养、学识涵养、品味修养等软文化方面有着更高的要求。

图1-36 软装配饰对于室内空间起着画龙点睛的作用

(6) 后续服务能力

后续服务指的是室内设计项目完工交付后，室内设计师与业主始终保持良好的关系，甚至是建立私人的友谊，不断提升项目品质。当然，这种能力首先是建立在业主信任的基础上的，而这种信任感的获得必定是来自设计师独特的个人魅力和过硬的职业素质——出色的专业能力、良好的沟通能力、踏实的工作态度及诚实的为人品格。这种能力有助于设计师树立良好的个人口碑与品牌形象，也有助于进入更高层次的设计市场，主持更具影响力的设计项目。

总之，要成为一个合格的室内设计师并不容易，而要成为一位成功的、有影响力的室内设计师就更加困难了。但机会总是留给那些心中始终怀有梦想，并为之付出和努力去实现的人，历史上任何一位伟大的设计师，无论是密斯、赖特、安藤忠雄，还是贝聿铭，无不是这样的人，虽然他们取得的成就不可复制，但在他们身上总能找到那些属于最优秀设计师的美好品格——天赋、梦想、坚持、勇气、担当与责任，当然还有属于他们那个时代不可或缺的历史机遇。

第四节 室内设计与建筑设计

室内设计是一个年轻而充满活力的专业，现代主义建筑运动是促成室内设计专业诞生的主要动因之一，看看当时那些建筑大师的作品就知道了。从建筑设计到景观设计，从室内设计到家具设计，甚至是小到一块桌布的纹样设计，都由他们亲自完成，这些作品的室内外空间自然、有机地融为一体，功能与形式完美地统一在一起（图 1-37）。而在这之前的室内设计概念，始终是以依附于建筑内界面的单纯装饰来实现其自身的意义与价值，与建筑具有不可分离的伴生性。

因此，如今谈室内设计与建筑设计这两个概念，更多的是回到两者之间这种母子共生的发展渊源关系。自从人类走出洞穴，开始创造属于自己的建筑，室内装饰就伴随着建筑的发展而发展，并在特定的地域环境下，不断演化出各种风格的装饰样式，代表了在当时的生产力条件下建筑内部空间的技术发展水平与社会审美偏好。而发生在 20 世纪初期的现代主义建筑运动，则使室内从单纯的界面装饰开始走向独立的空间设计，人们开始逐步认识到空间的真正价值与作用，从而不但孕育出了室内设计这个全新的专业，而且在设计理念上也发生了根本性的改变。

流水别墅浓缩了赖特主张的"有机"设计哲学。整个建筑群与四周的山脉、峡谷相连，两个主要平台上厚而圆的胸墙则强调了混凝土可塑的荷重感，在视觉上，这种荷重感被光线及平台外罩的杏黄色油漆削弱了，展现了建筑体形在景观中的隐喻的角色。考虑到赖特自己将它描述成对应于"溪流音乐"的"石崖的延伸"的形状，流水别墅名副其实，在这里极端相对的元素容纳于一种危险的平衡中，制造出完全不可预料的效果，成为一种以建筑词汇再现自然环境的抽象表达，是一个既具空间维度又有时间维度的经典案例。

图 1-37 流水别墅

尽管室内设计具有独立性，并且这种独立性随着室内空间的使用功能的多样化而日益加强，但是室内设计毕竟是建筑设计的延续和深入，它与建筑始终是密不可分的（图 1-38）。有史以来，建筑的内外就是统一的，人们为了最大化地利用室内空间，才不断兴建建筑，而伴随着每一次建筑工程技术的新突破，带来了室内空间的不断解放，为空间创新提供了更多的可能性。建筑师依可尼夫曾说过："任何建筑创作，都应是内部构成因素和外部联系之间相互作用的结果，也就是从里到外、从外到里。"

12 个塔楼逐渐向底部收拢，非常明确有序地环绕中部巨大的中庭空间，提供了 56 个无死角且无前后之分的辅导教室。楼梯间和电梯间的混凝土核心内拥有 700 幅特别设计的图案，其主题涉及科学、艺术、文学等多种学科。

图 1-38　新加坡南洋理工大学学习中心

所以广义地讲，建筑设计与室内设计都属于建筑学的范畴。建筑设计主要解决建筑的外观形象和内部空间的关系，而室内设计主要专注特定内部空间的功能与美学问题。

1．室内设计与建筑设计的差异

尽管室内设计与建筑设计存在许多共性，如都要满足建筑空间的使用功能，设计过程都要遵循形式美的法则，都要考虑造价和技术等限制因素，都要考虑材料的使用特性，都要考虑空间使用者的需求等；但同时它们又有着各自的特点。

第一，两者关注的重点不同，所涉及的尺度也有所不同。建筑设计更多关注建筑本身与周边环境、内部空间的关系，包括建筑平面功能与布局形态、建筑外立面造型与空间体量关系、建筑外观比例关系与建筑内部使用功能。而室内设计主要是对建筑特定的内部空间进行处理，设计过程更多关注室内空间本身与建筑原始结构的协调，运用多种设计手法塑造空间造型，通过多种材料与细部构造实现界面形态，加入软装配饰提升环境品质。

第二，建筑设计是室内设计的前提与基础，室内设计是建筑设计的延续与深入。建筑设计不是外部空间形态的简单堆砌，而是依据内部空间的功能与尺度，寻求建筑内外空间的统一，这种统一，很多时候是通过室内设计来对建筑设计中所存在的不足和缺陷加以弥补，改善与优化原有建筑内部空间。一般来说，建筑是长期存在的，长期的演化发展已经形成了较为固定的空间形态模式，而室内设计则完全不同，更新周期较短，可以通过内部环境的再创造赋予空间新的功能与意义，以适应新的空间使用方式与时代发展要求。

2. 室内设计与建筑设计的内在联系

从历史的发展来看，室内设计与建筑设计始终是密不可分的，建筑营造的过程本身就是两者融为一体的实施过程，在建筑设计的同时就是在进行室内设计，也可以说，这样的建筑本身并没有严格意义上的建筑设计与室内设计的划分。那些名垂史册的经典大师作品，如流水别墅、巴塞罗那博览会德国馆（图1-39）、古根海姆博物馆，其建筑设计的过程同时就是室内设计的过程。

该馆是现代主义建筑的最初成果之一。它突破了传统砖石承重结构必然造成的封闭的、孤立的室内空间形式，采取一种开放的、连绵不断的空间划分方式。占地长约50 m、宽25 m，由一个主厅、两个附属用房、两片水池、几道围墙组成，除少量桌椅外，没有其他展品，以显示这座建筑物本身所体现的一种新的建筑空间效果和处理手法。

图1-39 巴塞罗那博览会德国馆

　　在建筑设计的前期阶段，进行建筑设计的同时就应该着手开始室内设计，建筑设计初始便让室内设计师参与进来，共同商定总体设计方案，这样就可以有效避免建筑工程完工后，由于思路和需求的变化，对建筑内部重新进行空间改造，造成人力、物力、时间和金钱的极大浪费。所以，在条件允许的情况下，建筑设计与室内设计尽可能同时进行，整体规划设计，可以有效避免两者之间的前后衔接矛盾（图1-40）。

　　尽管对于室内设计师来说，尊重建筑设计师的设计理念和思路，是其基本的设计原则之一，有利于方案的延续性和完整性，但在项目的实际操作过程中，却存在诸多困难，以至于原内部空间方案最终被改得面目全非，完全丧失了建筑设计师的设计初衷。因此，对于后期的室内设计师来说，应在满足业主需求的情况下，尽可能尊重原有的建筑设计构思，完善建筑内部空间功能。可以说，一件优秀的建筑设计作品离不开成功的室内设计，同样一件优秀的室内设计作品也依赖于建筑的存在而存在，两者互利互动、不可分割，始终贯穿于设计的全过程。

内部是室内体育场馆，曲面形的屋面配合灯光充满了张力与动感，而曲面形屋面的顶部又成了一处极好的户外休闲运动场地。

图1-40　丹麦某高级中学的运动建筑空间

　　总之，建筑设计与室内设计既要分工明确又要互相参与，在目前的行业背景下，理想的工作模式是在建筑设计阶段，室内设计师就提前介入，而在室内设计环节真正开始的阶段，建筑设计师同样也要积极参与把控。只有这样，才能真正从整体上提高建筑设计与室内设计的质量（图1-41和图1-42）。

图 1-41　湖州某企业办公大楼建筑设计（设计：王利炯、潘庆生）

图 1-42　湖州重兆小学建筑设计（设计：潘庆生、王利炯）

第五节　室内设计程序与步骤

室内设计是一项充满挑战性的创作活动，是一个跨度大、历时长、环节多的复杂体系，同时也是理性思考与有序工作的推进过程。由于设计内容涉及面非常广，而且往往要历经长时间的构思、论证、修改、细化、施工等一系列步骤，因此，运用系统化的程序和步骤就显得至关重要。正确的工作方法、合理的工作流程是顺利完成设计项目的坚实保证。从明确设计委托意向开始，到项目竣工交付业主使用的整个过程，按照室内设计的流程，一般可以分为设计前期、方案设计、施工图深化设计、施工实施四个阶段，每个阶段又可细分为若干小环节，具体如图 1-43 所示。

1．设计前期阶段

这个阶段的主要工作任务是明确设计委托意向并制订进度计划，需要为日后的方案设计与工程施工有条不紊地展开而进行周密细致的准备。当然，一个设计的开始，首先取决于项目的存在与否，一个项目的存在与否，关键在于业主与设计师的相关关系。设计师应听取业主设计需求，接受委托任务书，并与其签订设计合同。最理性的结果是设计师与业主建立起真正相互信任的关系并能默契合作。通常来说，当项目的工程投资额较大时，设计委托一般以招投标的形式出现，业主会邀请多家设计单位共同参与设计方案的竞标，只有中标的单位，才能与业主签订正式的设计合同，明确设计期限并考虑相关工种的配合与协调，制订设计计划进度安排。

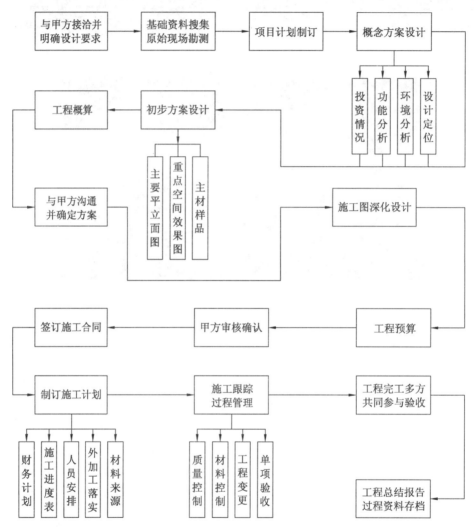

图 1-43　室内设计一般程序与流程

　　其次，明确设计任务书，如设计范围、使用性质、投资规模、使用群体、空间功能、设计风格等。有时业主并不是非常清楚自身对空间功能的需求或室内风格的偏好，在这种情况下，设计师就应该帮助业主梳理和分析相关信息，逐步确立设计定位，达成设计共识，形成设计任务书。而事实上，这种双方共同形成设计任务书的过程，就是明确设计目的与愿景，在限制条件及相应的解决方案上基本达成共识的过程。设计任务书的目的主要有以下两个方面：一是研究使用功能，了解室内设计任务的性质及满足从事某种活动的空间容量；二是结合设计命题来研究所必需的设计条件，搞清设计项目要涉及哪些背景知识，需要何种及多少有关的参考资料。

再次，实地勘测工程现场，搜集信息资料，为后续的方案设计提供可靠指引。虽然在一般情况下，业主会提供与建筑相关的原始性图纸，但现场的勘测仍是不可忽略的重要一环，比如有些原始性图纸与现场实际尺寸不符，或者在实际施工过程中存在改动，或者部分构造细节图纸上没有标示等诸如此类的问题，都需要设计师到现场对原始图纸进行认真的复核与校对。也只有到现场，设计师才能更加真实地感受空间尺度与空间的关系，并通过照片或视频的形式记录下关键位置的原始细节，这些现场资料与第一手数据将成为设计师开展下一步设计工作的重要依据（图1-44）。

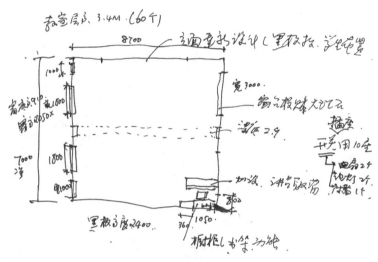

图1-44　现场勘察测绘草图

最后，对所有搜集到的信息资料进行消化和处理，其关键点是设计师运用自身的知识储备对各种信息进行梳理、分析与吸收，充分理解多种信息之间的关联性，从中萌发方案的创意点，同时找到构思的切入点，并逐步形成概念性的设计意向。总之，在设计前期所做的这些基础性准备工作，看似细小琐碎，却能帮助设计师清晰地认识任务性质与工作条件，为后续设计工作的顺利开展打下坚实的基础。

2．方案设计阶段

在设计前期准备阶段工作的基础上进行方案的构思立意就是水到渠成的事了。室内设计最核心的环节就是方案的孕育与成形，并通过图纸完整细致地表达出来，可以说这个阶段工作质量的好坏，直接决定了室内设计项目的成功与否，也是目前设计师最主要的任务，当然也是最容易出现问题的环节。

方案设计的第一步就是概念构思，尝试让各种想法和创意甚至是天马行空式的、没有任何条条框框限制的自由想象，在头脑中激烈地碰撞，通过手绘草图、文字注释等手段，把理性分析、空间布局、功能组织、界面形态、材料选用、局部构造等思维过程逐步表达出来，并快速落实于纸面上，从多个手绘图形对比中得出符合需要的构思。这种思维过程是从开始的模糊不清逐步走向清晰明确的过程，是从一种概念性、抽象性的空间形象逐步向确定性、具体性的空间形象过渡的过程，也是反复推敲酝酿、深入思考分析、不断获取设计灵感的过程（图1-45）。从理论上来讲，概念构思的过程的确应该不受限于任何外在条件，也只有这样，构思方案才能达到最佳的创意效果。然而，我们又不得不回到室内空间受限于建筑结构与功能这一具体的现实，来重新寻找自由发挥创作与客观条件限制这一矛盾的平衡边界点，就像一个戴着镣铐的出色舞者，在黑暗中仍跳出优美的舞蹈。

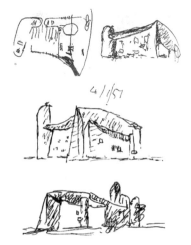

从柯布西耶创作朗香教堂时的构思草图中可以清晰地看到，在创作过程中他的思维在不断地调整和变化。

图1-45 朗香教堂及其构思草图

有了概念构思就等于有了打开方案之门的钥匙，接下来只需加以填充与完善，把具体的方案用多种形式的图文表达出来，即概念方案的继续深入与逐步细化，我们称之为方案的初步设计。这一过程，需要综合考虑细部尺寸、材料选用、节点构造等诸多现实技术因素，保证概念方案成功落地。就某个具体的室内设计项目来说，应该形成较为完整的初步设计方案图纸，包括平面布置图、天花布置图、主要立面图、透视效果图、设计说明及工程概预算等。一般来说，在初步设计方案完成后，就应该及时向业主介绍方案并进行深入沟通，从业主实际使用的角度共同评估方案，并提出修改性建议，优化初步设计方案。

对于投资金额不大、功能相对简单的住宅类室内设计项目来说，到这一阶段为止，就基本上可以进入施工图深化设计阶段了。但对于许多公装类的项目来说，特别是经过设计招投标过程的室内设计项目，在此基础上，需要进一步深化、细化方案，吸收其他竞标方案中的优点，弥补自身方案中的短板，编制更为详细的设计文本。同时，与给排水、暖通、消防、电气等各个工种协调沟通，解决好与后期设备系统的衔接问题。

3．施工图深化设计阶段

室内设计方案经过甲方确认或者是方案会审后，就进入了施工图深化设计阶段。如果说方案设计阶段更多地侧重于"艺术表现"，那么施工图设计阶段则更多地倾向于"技术表达"。施工图纸的准确程度、细致程度、规范程度将直接决定施工的最终效果和品质，因为它是施工的唯一科学依据。再好的方案创意、再美的效果图纸，如果离开施工图的技术落地，都将是一纸空谈，可以说这一阶段的重要性，丝毫不亚于设计程序的其他任何一个环节（图1-46）。施工图深化设计是以材料构造体系与空间尺度体系为基础的，施工图的绘制过程本身就是方案不断深化与完整成形的过程。

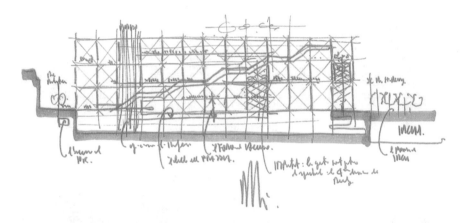

图1-46　伦佐·皮亚诺创作的巴黎蓬皮杜国家艺术和文化中心及其方案构思草图

施工图深化设计绝对不是一项简单的任务，它要求设计师不仅具备相当的专业能力，还要具备丰富的施工现场跟踪经验，熟悉施工工艺与流程。一个不熟悉材料、不了解构造、不清楚尺寸的设计师，是不可能胜任这一任务的（图1-47）。可以说，一名好的室内设计师，不是会画几笔手绘、会操作几个软件就可以了，它要求设计师不仅具有良好的艺术审美素养，而且还要有综合的工程技术知识，要懂得基本的建筑物理知识，了解建筑的结构常识，知道水、电的基本原理，熟悉材料与构造，学会控制成本与造价，懂得施工工艺。一套完整的施工图纸应包括设计说明、平面布局类图纸、顶面布局类图纸、立面索引图纸、立面图纸、特殊要求及做法的节点大样图、主要装饰材料表、家具与灯具设备类统计表、门窗统计表等。同时，设计单位的预算员还应该根据最终的施工图纸编制一套详细的工程造价预算书。

　　对于刚刚走上工作岗位的设计师来说，要把施工图画到位并不是一蹴而就的事情，是一个需要长时间设计经验不断积累的过程，是一个需要长期跟踪施工现场、不断学习施工技术的过程。作为室内设计师，只有更加了解施工工艺、材料规格、细部构造、造价控制等方面的现场知识，才能从根本上提高设计水平，确保方案的合理性与可实施性；否则，就只能画一个大概的施工图而很难做到细化与深入。这样的图纸一旦交到施工人员手里，最终施工的过程与结果将会如何就可想而知了。

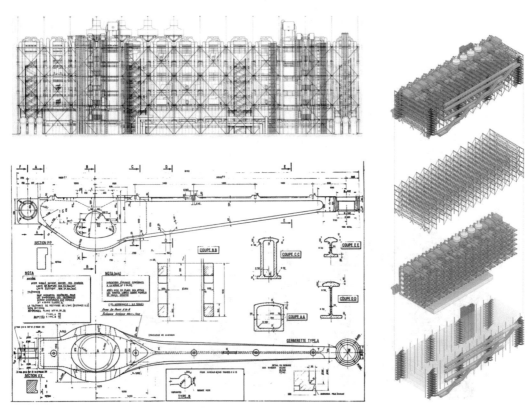

图 1-47　蓬皮杜国家艺术和文化中心部分施工图纸

　　还有一个非常现实的问题，设计师不得不去面对，那就是任何一个设计项目，无论之前做的工作有多具体到位，所出的图纸多完整细致，到具体施工时都会或多或少地出现问题，因此，在不过多超出预算的前提下，对原方案作出适当的设计变更和优化是完全可以理解的。事实上，设计变更和优化作为对原设计的修正、补充与延续，是室内设计程序中的一个必然节点。一直以来，设计师一方面致力于提高设计水平，力求减少设计变更的次数；另一方面又需要通过合理的设计变更和优化，来不断完善、提升工程设计。

4．施工实施阶段

如果说方案阶段是开花的话，那么施工阶段就是结果。一个室内设计方案能否最终从图纸变为现实，工程施工就是最好的检验手段。室内设计是一门融艺术性与技术性为一体的创造性活动，其技术性在相当程度上就体现在具体施工的可行性上。如果一个设计方案不能通过施工的检验，施工过程中频频碰壁，那就算不上是一个成熟的设计，至少是可操作性不佳的设计。回溯历史上那些伟大的设计作品，无一例外的都是方案与施工完美结合的结果（图1-48）。

图1-48　诺曼·福斯特于1997年设计的德国柏林自由大学的语言学系图书馆

所以，对于设计师来说，图纸设计的结束并不意味着设计工作的结束，事实上，后续仍面临许多步骤与考验。除了给施工方进行必要的技术交底之外，设计师还应定期到施工现场，及时处理图纸与现场实际不符的问题，协调结构、设备与设计之间的冲突，并与施工方共同商讨解决可能存在的技术难题，以确保工程施工完全按照设计图纸的要求实施。同时，设计师也应积极配合监理的工作，把控工程施工进度与质量，并参与主要材料、设备等的选样和定型。

此外，由于施工因素造成原设计方案不能顺利实施时，设计师应及时与施工人员沟通协商，进行合理的施工工艺优化，解决实际问题与困难，比如对原设计中细部节点的调整、收边处理的调整、装饰材料的替换等，从而创造出更合理、更美观、更舒适的室内空间环境。临近施工末期，还应与业主一起制订家具、灯具、绿化、艺术品陈设等软装配饰的方案。对于公共建筑类的室内设计，可能还会涉及标识系统、广告系统等平面类设计，作为室内设计师，应密切保持与平面广告设计人员的沟通、合作，积极参与到平面广告类的方案设计中，使其在色彩、材质、尺寸、造型等形式上，与室内空间环境协调一致、融为一体。

第六节　室内设计的学习方法

与许多实用性的专业学科一样，室内设计的学习注重设计理论与设计实践的并行。室内设计理论和室内设计实践之间既有明确的界限又相互联系：离开了设计理论的支撑，设计实践不过是简单的模仿与重复；同样，离开了设计实践的施行，设计理论也无法真正地落地与生根。设计理论解决的是抽象的概念，可以指导设计实践，设计实践解决的是具体的问题，是理论的深化（图 1-49 和图 1-50）。

图 1-49　台湾某大学的设计评图课程教学现场

图 1-50　台湾某大学的学生在利用竹子创作立构作品

1. 室内设计理论的学习

同建筑相比，室内设计这一学科，虽然在全世界范围内确立的时间并不是很长，也谈不上有多么成熟和完整的学科理论体系，但却是指导室内设计师从事设计实践最重要的理论技术依据。长期以来，室内设计行业普遍存在着这样一种奇怪的现象：真正工作在设计第一线、从事大量设计实践的职业设计师，大多都疲于应付一个接着一个的项目，而根本无暇顾及室内设计理论的探索与研究；而广大设计理论研究与教育者，由于设计实践的局限与缺乏，难以对设计理论进行更为深入和有效的研究，很多研究只能停留在文化、艺术等理论表层，一旦涉及项目实践中的关键环节、技术层面等问题，往往就难以展开深入的分析，也就得不到真正意义上的理论性研究成果。正是这样一对矛盾的客观性存在，迫切地需要不同领域的室内设计专业人员加强合作，建立起一个以设计实践为依托的系统化学科研究体系，从而为室内设计提供更具操作性的理论技术支持（图 1-51）。

图 1-51　专业教师与企业设计总监一起进行"材料与构造"课程的授课

一般来说，对于室内设计理论的学习主要集中在以下几个方面：

(1) 室内设计史论

历史犹如未来的一面镜子，当我们站在历史的车轮上，去回顾室内设计的发展历程，驻足观看它每一种风格的演进过程，我们才能真正理解它对于我们这个时代的现实指导意义。因此，学习室内设计的发展历史，并非仅仅是为了了解一些历史人物故事与作品清单，而是站在当前全新的时代角度，重新审视、思考人与环境、空间的关系，在历史中寻找人类发展的因果关系，并为当下的室内设计提供更具现实价值的物质与精神支撑。在室内设计史论的研究上，美国学者约翰·派尔所著的《世界室内设计史》一书是一部全面阐述室内设计发展历史的著作，全书叙述了人类 6000 多年以来有关个人空间与公共空间的内部史话。约翰·派尔指出室内设计是一种没有明显范围的领域，在这个领域内，构造、建筑艺术、工艺美术、技术和产品设计都是交叉重叠的，这些主题被互相编织成一首迷人的叙事诗，从原始的穴居、神庙，经过哥特大教堂和文艺复兴府邸，直到 19 世纪巨大的市政空间和现代摩天大楼的精美内部都是如此。我国学者霍维国和霍光所著的《中国室内设计史》一书，则系统阐述了我国室内设计的发展历程，分析了中国传统建筑室内设计的基本特征，以及各主要历史时期室内设计的形成、发展、风格特点、有益经验，为我国的室内设计提供了极具价值的专业指导。这些广泛而卓有成效的史学方面的研究，厘清了室内设计的发展脉络，明确了不同时代的设计风格的特征，为室内设计专业的蓬勃发展奠定了良好的理论基础，也为室内设计从业者提供了坚实的理论技术指导。

(2) 室内设计方法

室内设计是一门实践性非常强的专业，早些年的从业人员多是从建筑、绘画等相关专业转行而来，因而采用的工作方法与关注重点也有所不同，与现代室内设计的工作方法也存在一定的差异。现代室内设计的工作方法，首先是设计的思考方法，要求设计师对室内设计的含义、基本理念和设计内容具有相当的理解，并且要经过一定的设计实践积累，才能对室内设计方法有深刻的体会与认识。郑曙旸教授在《室内设计 + 构思与项目》一书中，以正文、授课讲义、参考论文、学生作业等互为支撑的形式，按照课程教学实际进程，通过室内设计实践性课题，系统阐述了设计定位、设计概念、设计方案、设计实施的具体操作方法，树立了室内设计课程强调历史与文化、思维与表达、工程与技术、经济与管理的教学理念。美国出版的由卢安·尼森等编著的《美国室内设计通用教材》一书，则从设计思想和历史、设计过程和要素、材料和构成等方面全面地介绍了室内设计方法的应用，对相关法规和专业实践也有所涉及。该书对于国内的设计从业人员来说，具有一定的参考价值与意义。

(3) 相关工程学知识

室内设计所涉及的相关工程专业很多，技术要求各有不同，因此必须要涉猎相关工程专业知识（如人体工程学、环境心理学等）才能更好地学习室内设计，才能在具体的方案设计中综合运用这些知识。此外，在实际的项目实施过程中，室内设计还应与其他相关工种紧密配合，如建筑结构、管道设备、厨具办公、园林景观、艺术饰品等，而如此众多的工种合作，必然要求设计师具有宽广的知识面与过硬的协调力。特别是在一些大型公共类的室内设计项目中，除了室内设计师之外，往往还涉及业主、建筑师、工程师、施工单位、监理单位、设备商等多方人员，设计师只有对各方面的知识都有所了解，才能在协调与沟通的过程中做到游刃有余，解决各类工程复杂问题，最终达到各方都满意的结果。例如，一些对原有建筑内部空间改变使用用途的装饰工程，经常会涉及在建筑外墙面上新增窗户，或者需要拆除部分承重墙体，这就必须经过原土建设计单位的认可签字后才能进行，如果涉及建筑外立面的改变，还需要当地规划建设管理部门审批同意。

(4) 行业标准与规范

室内设计首要的出发点就是保证空间使用者的绝对安全，离开了安全这一大前提，任何装饰都毫无意义。因此，国家相关部门颁布了多项室内工程设计规范，对于一些特殊行业还制定了专门的行业标准，并且每年都会对部分规范进行修订与更新。对于室内设计行业来说比较常见的规范有《建筑设计防火规范》《建筑内部装修设计防火规范》《高层民用建筑设计防火规范》《民用建筑工程室内环境污染控制规范》《建筑装饰工程施工及验收规范》《住宅室内装饰装修工程质量验收规范》《公共建筑室内空气质量设计标准》等。作为室内设计师，平时应注重这些常用规范内容的学习与积累，对于一些主要条例与数据要做到了然于胸，这样才能保证在设计中准确无误地运用出来，确保整个设计方案符合现行国家标准与行业规范（表1-3和表1-4）。

表1-3　公共建筑可设置1个疏散楼梯的条件

耐火等级	最多层数	每层最大建筑面积/m²	人数
一、二级	3层	500	第二层和第三层的人数之和不超过100人
三级	3层	200	第二层和第三层的人数之和不超过50人
四级	2层	200	第二层人数不超过30人

表1-4　剧院、电影院、礼堂等场所每100人所需最小疏散净宽度　　　　　　m

观众厅座位数（座）			≤2500	≤1200
耐火等级			一、二级	三级
疏散部位	门和走道	平坡地面	0.65	0.85
		阶梯地面	0.75	1.00
	楼梯		0.75	1.00

2．室内设计实践的学习

离开了设计实践，理论就充满了争辩性与不确定性，历史上那些大师们，无不是理论的践行者，他们所倡导与奉行的理念，始终贯彻于其作品之中。那些被奉为经典、具有现实意义的理论必然是来源于大量的实践，来自于对实践过程中所出现的问题、所经历的失败、所取得的突破的总结与提炼。因此，室内设计实践的学习对于任何一个设计师的成长来说，都是至关重要的。判断一个室内设计项目成功与否，绝不仅仅局限于设计方案好不好，还应对这个项目从构思立意开始到工程施工完成所涉及的所有环节的多方面因素给予综合评判。根据笔者近些年来的工作实际，室内设计实践的学习方法归纳起来主要有以下几种：

（1）设计考察

读万卷书不如行万里路，对于设计师来说更是如此，世界建筑大师安藤忠雄的事迹就是最好的例子。虽然安藤忠雄从小就没有接受过正规、系统的科班教育，但凭借着自己的才华禀赋，以及对建筑强烈的热爱、执着的追求与不懈的坚持，完全通过自学而成长为一名享誉世界的建筑大师。他利用参加各类拳击比赛获得的奖金，游历了美国及欧洲、非洲、亚洲的许多国家，考察甚至现场临摹了各个国家的优秀建筑，留下了大量的手稿记录与笔记。安藤第一次感觉到建筑空间的存在，是置身于罗马万神庙之中的时候。安藤曾说过:"我所感觉到的是一个真正存在的空间。当建筑以其简洁的几何排列,被从穹顶中央一个直径为9 m的洞孔,所射进的光线照亮时,这个建筑的空间才真正地存在。在这种条件下的物体和光线,在大自然里是不会感觉到的,这种感觉只有通过建筑这个中介体才能获得,真正能打动我的,就是这种建筑的力量。"

正是这种一边游历、一边阅读、一边记录、一边思考的独特经历,促使了他一生立志从事建筑设计事业。

1969年,安藤创立了安藤忠雄建筑研究所,1976年完成了位于大阪的成名作品——住吉的长屋,确立了他鲜明的建筑设计风格与材料表现理念。在此后30多年的时间里,安藤创作了近150项国际著名的建筑作品和方案,包括光之教堂、水之教堂、风之教堂、本福寺水御堂等众多经典作品,获得了包括普利兹克奖在内的一系列世界建筑大奖(图1-52)。

图1-52 安藤忠雄和他的教堂三部曲

同样,室内设计的学习也离不开设计考察,只不过更多关注的是建筑内部的空间及实现空间的方法与技术。画在图纸上的方案、印在图册上的图片毕竟不是真实的空间，并不能完整地提供空间的现场感与体验感，而只有真正置身于其中，感受空间、触摸材料、体验尺度、分析构造、记录细节，才能真正理解空间并设计空间（图1-53）。

图1-53　专业教师带学生们参观同济大学模型制作室、宜家家居、红星美凯龙等

(2) 案例研究

室内设计是一项注重空间创造的思维过程，对相关案例的研究与学习，有助于初学者较为系统和直观地了解室内设计的过程，包括思维形成、图形表达、空间分析、要素提炼、功能组合、材料选择、色彩搭配等方面的过程（图1-54）。通过这一方式，从思考与模仿开始，逐渐领悟室内设计的本质和原理。因此，我们注重案例研究的过程性学习，过程包含了对概念的理解、空间的认知及效果的把握，更包含了复杂的设计程序步骤、特定的专业表达方式等。

当然，设计实践本身处在不断发展的过程中，并有着各类未曾始料的新内容、新情况，案例中任何一种固式化与程序化的做法步骤，都不应该成为一种教条，更不能因此而阻碍创造力的发展，可谓是设计在发展，过程同样也在进步，当我们回过头再去看看历史上的一个个经典案例，无不是这样。新的理念与思潮、新的材料与技术、新的工具与手法、新的需求与功能，这些都无一例外地影响着设计实践的过程，也需要我们后来的学习者，摈弃按部就班式的表面化知识学习，逐渐融合内化到自己的知识体系之中。

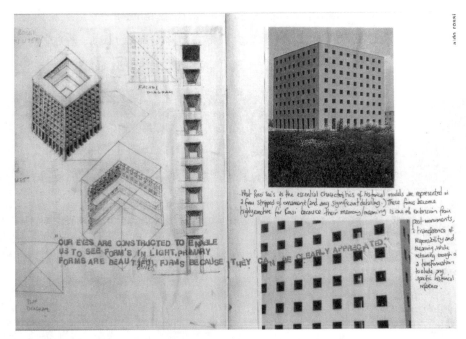

透过对前人之作的研究，可以不断积累新的想法。研究可以通过不同的方式，如草图、素描、建模等形式记录下来。

图1-54 英国曼彻斯特艺术学院学生米夏埃拉·奥黑尔的案例作品研究

(3) 专题训练

如果说案例研究式的学习，更多的只是一种设计分析与模仿，那么室内设计的专题训练则更像是一场设计实战与演练。学习者根据给定的题目与要求，立足于现有数据与条件，在一定的时间范围内，展开设计实践过程，并以图文结合的表现方式，完成室内设计作品。专题训练的过程，就是学习者从知识到能力的转化过程，也是从模仿到创造的转化过程。许多高校在实际教学中，普遍都设置了专题训练类的课程，比如设计实务、设计专题、毕业设计等实践类的课程，旨在通过专题性的室内项目设计，培养学生运用创造性思维解决实际问题的综合设计能力。接下来，我们以毕业设计这一实践环节，来专门谈谈室内设计的专题训练。

毕业设计是学生综合运用所学知识和技能，学习科学研究基本方法，培养实践能力、创新能力和科学精神的重要环节。它在培养和提高学生综合运用专业知识分析和解决实际问题的能力，并进行设计师所必须具备的基本素质的训练等方面具有很重要的意义（图1-55）。

① 通过阅读有关资料进一步了解本学科当前的发展。

② 将所学的专业基础知识和专业理论知识融会贯通。

③ 综合运用所学专业理论知识和技能提高独立分析问题和解决实际问题的能力，掌握一定的实践经验。

为了保证毕业设计的质量，首先要从选题上进行把关。学生毕业设计的项目来源主要可以分为以下几类：一是指导教师提供的设计项目库，其项目系教师真实的社会设计项目；二是学生在社会上通过自身关系找到的项目；三是校企合作企业提供的真实设计项目；四是教师命题的虚拟性项目。

毕业设计的进程主要可以划分为四个阶段：第一个阶段为项目调研与初步设计阶段；第二个阶段为重点方案设计阶段；第三个阶段为方案深化设计阶段；第四个阶段为项目修改与完善阶段。

图 1-55　湖州职业技术学院艺术设计学院学生毕业设计作品集

学生优秀毕业设计作品案例展示：

① 项目名称：湖州职业技术学院众创空间概念性方案设计。

② 方案设计：陆雨丽、洪建顺。

③ 指导教师：王利炯。

④ 设计要求：见表 1-5。

表 1-5　委托方具体空间功能设计要求

序号	空间名称	空间功能要求	空间面积/m²
1	创业工作区	建成创意工作室 50 间（22 m²/间），每期可容纳创业人员 200人，为其提供基础的办公空间，同时提供办公桌椅、空调、网络、打印机、文件柜及办公文具、饮水机等办公设备，创业者只需带手机和电脑入驻即可创业	1 000
2	创客休闲吧	引进创业咖啡吧、书吧等，为创业者及外界提供一个开放式的融交流讨论、商务洽谈、娱乐休闲等多功能为一体的区域；定期举办沙龙、创业聚会、分享会、创意社交等活动，为创客空间汇聚人气，提供一个集商务、休闲、娱乐于一体的场所	200

续表

序号	空间名称	空间功能要求	空间面积/m²
3	创客培训区	打造可容纳100人的大型会议室、演播厅，将定期邀请创业导师来举办沙龙或讲座为创业者答疑解惑。举办各类创业培训课程，同时以活动交流为主，定期举办想法或项目的发布、展示、路演分享等创业活动，通过提供免费的专家讲座、交流沙龙等活动，提升创业人员的知识水平	200
4	创意展示区	一方面打造一个创业投融资和创业展示的平台，为湖州知名先进科技企业及众创空间创客提供产品展示、项目合作、新产品推介等服务。用于创客展示其创新创意产品及其运作模式，为天使基金、投资人或企业提供相关项目合作洽谈和对接交流的平台，实现创新创业人才项目与市场的成功对接	100
5	商务洽谈区	打造多功能商务洽谈室、多功能会议室、小型培训室等功能于一体的商务洽谈区。可用于创业项目推广座谈、项目商务洽谈、合作签约等商务活动，定期开展创客沙龙、创业访谈及创业交流会等活动，为创客提供一个高端专业的商务洽谈场所	200
6	综合服务区	创客空间综合服务区将集合创业政务服务、投资服务、财务服务、法律服务和银行服务等功能，提供综合型的创业生态体系，包括金融、培训辅导、招聘、运营、政策申请、法律顾问等一系列服务。打造"一站式服务大厅"，为创客提供快捷注册、政务服务及大学生创业服务，还提供创业投融资、创新展示、政策咨询和项目申报等服务	200
总计			1 900

⑤ 场地现状：如图1-56所示。

图 1-56　场地现状

⑥ 概念方案构思：如图 1-57、图 1-58 所示。

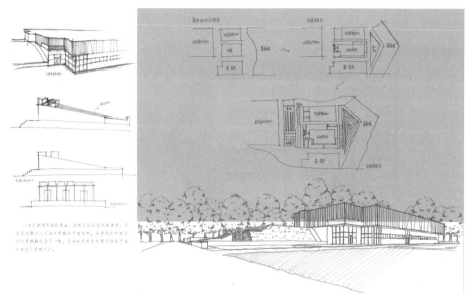

图 1-57 景观与建筑构思草图

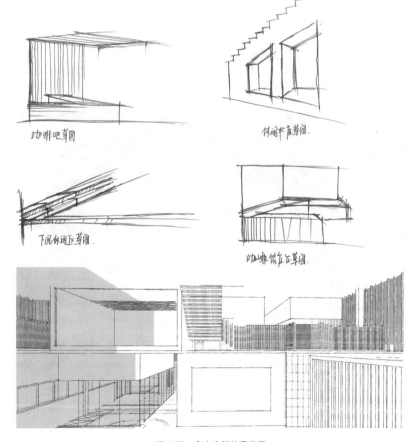

图 1-58 室内空间构思草图

⑦ 方案效果表现：如图 1-59～图 1-68 所示。

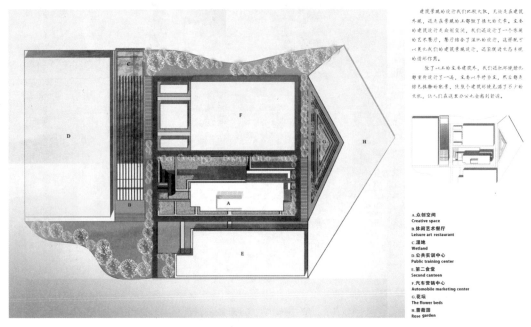

A.众创空间
Creative space
B.休闲艺术餐厅
Leisure art restaurant
C.湿地
Wetland
D.公共实训中心
Public training center
E.第二食堂
Second canteen
F.汽车营销中心
Automobile marketing center
G.花坛
The flower beds
H.蔷薇园
Rose garden

图 1-59　总平面布置图

图 1-60　鸟瞰效果表现

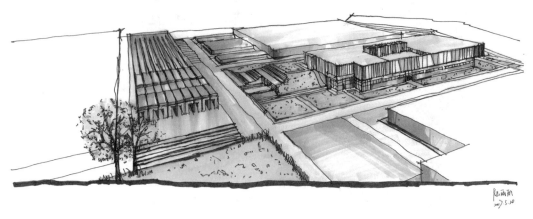

图 1-61　手绘鸟瞰效果表现

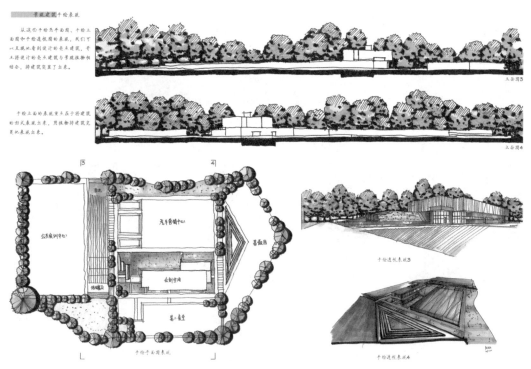

图 1-62　手绘效果表现

图 1-63　透视效果表现一

图 1-64 透视效果表现二

图 1-65 剖立面效果表现

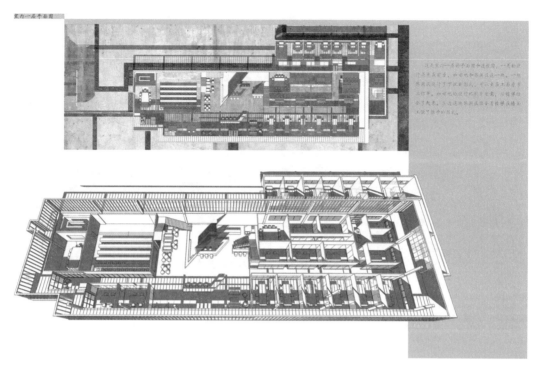

图1-66 一层平面功能布置图

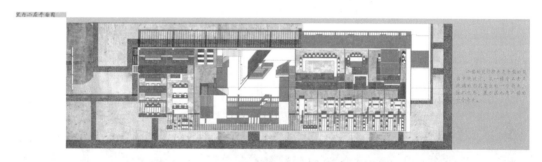

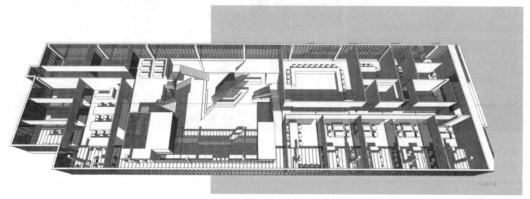

图1-67 二层平面功能布置图

图 1-68　室内局部效果表现

⑧ 方案分析图：如图 1-69 ～图 1-72 所示。

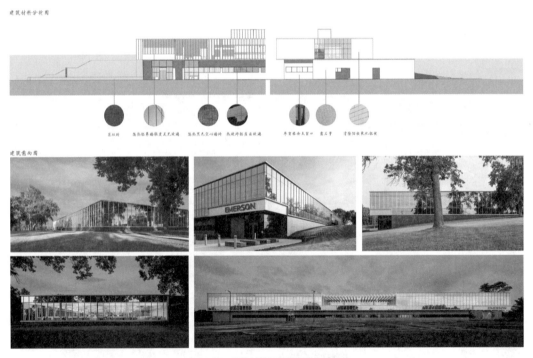

图 1-69　建筑材料及空间意向分析图

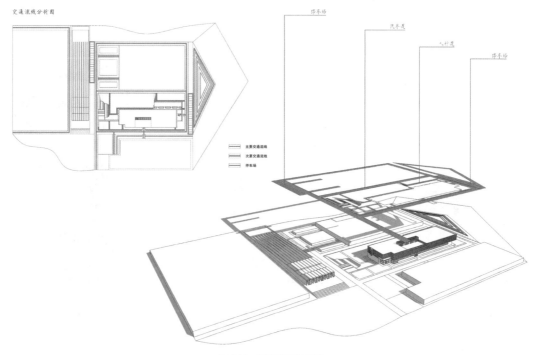

图 1-70　交通流线分析图

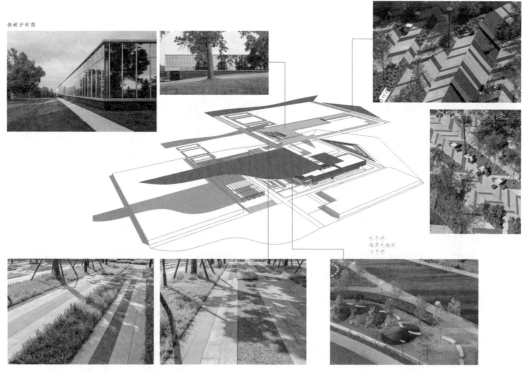

图 1-71　植被分析图

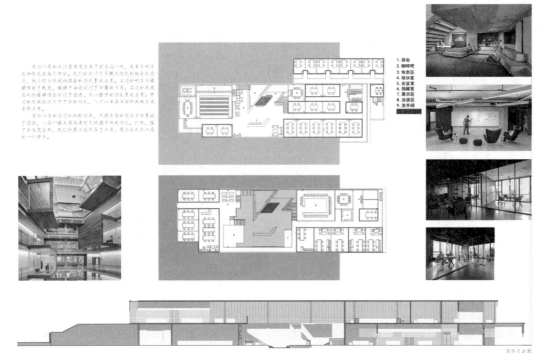

图 1-72　室内功能区分析图

专题训练的课题一般有两类：一类是虚拟的，设计过程较为理想化，较少涉及工程实践问题，侧重于对学生系统化设计能力的训练（图 1-73 和图 1-74）；另一类正好相反，都是真实的工程项目，设计的限制因素较多，需要考虑的实际条件较为复杂，有时还涉及设计规范（图 1-75 和图 1-76）。在实际的教学过程中，两类课题都应该考虑，并突出各自的优点，针对性地加以运用，以提高学生系统性分析与解决问题的能力。

（4）施工现场

定期考察施工现场、跟踪记录施工过程，是室内设计实践学习中非常重要的一个环节，它帮助初学者把概念性的理论知识落实到具体的工程实物中，为设计想法找到技术上的实现路径，使书本理论与工程实践真正地联系起来，把对材料、工艺、构造、尺寸等方面的认识从理性层面加深到感性层面（图 1-77 和图 1-78）。而这种现场工程技术的学习与积累，反过来又会极大地提升设计师的方案设计能力，特别是在施工图深化设计阶段，直接决定了方案能否从最初头脑中的概念性想法，一点一点清晰起来并最终完善成形，进而落实到具体的施工图纸上。

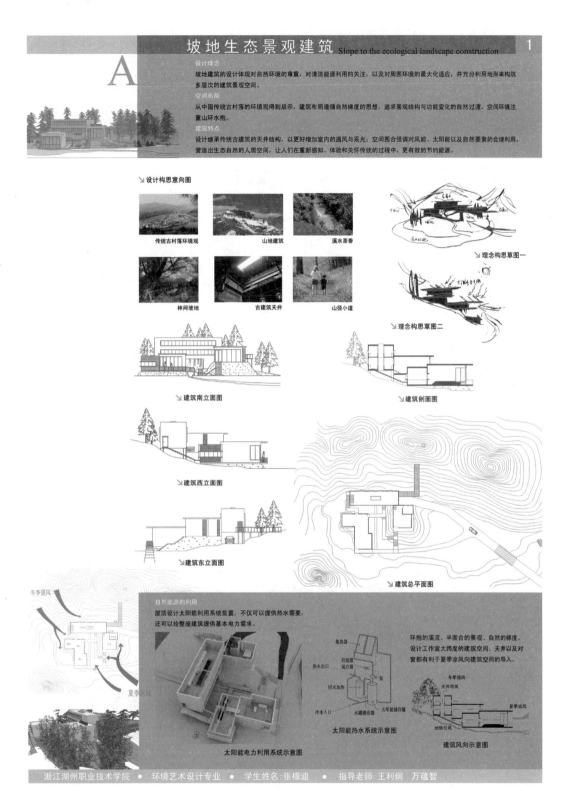

图 1-73 某工作室学生竞赛设计作品一

图1-74 某工作室学生竞赛设计作品二

图 1-75　工作室教师与学生一起讨论项目方案

图 1-76　工作室的学生正在一起讨论项目方案

　　施工现场的考察学习，重点在于记录与思考，特别是在细部构造、装饰材料、施工工艺、设计尺寸等方面尤为重要，可以通过照片、影像、草图等形式记录下来，尤其是一些构造的节点部位。此外，在征得施工方同意的基础上，也可以有意识地搜集一些材料的边角料，并将其整理、分类、编号，在条件允许的情况下，可以创建一个专属于自己的小型材料实物展示柜，以加深对材料的综合感性认识，方便在以后的方案设计中比较使用。

　　总之，室内设计的学习并不是一个简单的知识填塞和案例模仿的过程，它是一种逐步构建创造性思维体系的过程，是一个塑造沟通、协调、分析、表达等复合能力的过程，其最终目标是培养一个能综合解决实际问题的室内设计人才。

图 1-77 专业教师带学生考察施工工程现场

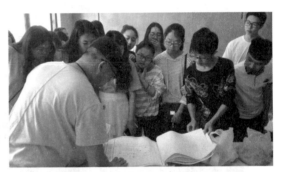

专业教师带学生参观样板间　　　　　　湖州某公司设计总监带学生考察施工现场

图 1-78 参观施工现场

 项目训练一　室内设计师访谈笔记

【实训目的】

通过一对一访谈的形式，结识一位在职的室内设计师，深入了解其日常的工作内容、工作方式及职业能力要求，并与之建立良好的友谊，为自己目前的专业学习乃至今后的职业规划提供更加具有针对性的指引。

【实训要求】

① 详细地记录设计师的性别、年龄、学历、专业、工作单位、工作时间、目前职位、福利待遇等个人相关信息。

② 了解室内设计师的日常工作内容与流程。

③ 了解室内设计师的职业能力特点与要求。

④ 从室内设计师的角度来看行业的发展现状。

⑤ 对室内设计专业学习的心得及建议。

⑥ 在设计师的带领下参观公司。

【实训内容】

① 与设计师合影，如果是访谈过程的照片更佳。

② 简述设计师所在公司的基本情况、个人资料及代表性作品。

③ 整理本次访谈的原始文字记录。

④ 简述此次访谈的思考与认识。

⑤ 简述今后的学习定位与职业规划。

 拓展阅读

[1] 陆震纬，来增祥. 室内设计原理. 中国建筑工业出版社，2006.

[2] 卢安·尼森，雷·福克纳，萨拉·福克纳. 美国室内设计通用教材. 陈德民，陈青，王勇，等译. 上海人民美术出版社，2004.

[3] 张绮曼，郑曙旸. 室内设计资料集. 中国建筑工业出版社，1991.

[4] 室内设计联盟：www.cool-de.com.

[5] 拓者设计吧：www.tuozhe8.com.

第二章

室内设计思维与方法

　　室内设计从本质上来说是一种人脑的创新性思维活动，无论是全新的内部空间主题设计还是老旧的历史空间更新改造，其核心仍是空间的再创造（图2-1和图2-2）。它要求设计者具备良好的室内设计思维与方法，即敏锐的图形化观察力和感受力，能将一闪而过的想法落实于纸面，并在不断的图形优化中，触发新的思路与灵感，从而将设计概念清晰、完整地表达出来。以室内设计的整个过程举例来讲，几乎每一个阶段都离不开绘图，无论这种绘图的形式是概念设计阶段的手绘构思草图，还是方案设计阶段的电脑效果图，抑或是施工图深化设计阶段的施工图，离开图纸来谈设计完全是不可能的。由此可见，建立科学化的图形分析思维方式，学习系统化的形象思维设计方法，是开启设计之门的一把钥匙，也是一个优秀设计师成长的必然之路，正如弗兰克·劳埃德·赖特所说："我喜欢抓住一个想法，不断戏弄它，直至最后成为一个诗意的环境"。

以电脑 CPU 的风扇和电路集成板为创意原型，应用在墙面设计中。

图 2-1　荷兰某 IT 公司会议研讨室的室内设计

一座巨大的创意长颈鹿造型艺术装置矗立于幼儿园的主入口处，使人仿佛畅游于建筑丛林之中，在营造强烈的视觉冲击力的同时也增加了空间的趣味性。

图 2-2　某幼儿园的主入口

第一节　室内设计思维的概念论述

1．设计的本质

设计是什么？如何来培养设计思维？这可以说是每一个设计初学者首先要思考的问

题。郑曙旸教授在其《室内设计思维与方法》一书中开篇就写道："设计的本质在于创造，创造的能力来源于人的思维。对客观世界的感受和来自主观世界的知觉，成为设计思维的原动力。"日本设计师武藏野认为设计就是创新，他说："如果缺少发明，设计就失去价值；如果缺少创造，产品就失去生命。设计就是追求新的可能。"国际工业设计协会（ICSID）前主席亚瑟·普洛斯说："设计是满足人类物质需求和心理欲望的富于想象力的开发活动。设计不是个人的表现，设计师的任务不是保持现状，而是设法改变它。"

虽然很难给设计下一个精准的定义，但非常明确的一点就是设计首先是一个过程，一个发现问题、分析问题并解决问题的过程。设计不仅仅是在已有知识和经验体系上的简单性重复再现，更多的是在思维能力、表现方法上的综合性体现。因此，通过有效的思维训练和学习，我们每一个人都有可能进行更好的设计，虽然有的时候设计看起来的确不是那么简单，需要把富于想象力的思维与精确的计算融为一体。其次，设计是艺术与科学的结合。可以说，设计的整个过程，就是把外界各种客观细微的事物和感受，提炼成明确的概念和艺术形式，从而创造出满足人类心理、情感和行为需求的物化世界。设计的全部实践活动的特点就是使对象条理化、秩序化和逻辑化，这种实践活动最终归结于艺术的形式美学系统和科学的理性组织系统，艺术的感性加上科学的理性就成为设计者无限的创造动力来源（图 2-3 ~ 图 2-5）。

约翰逊制蜡公司总部地处美国密歇根湖西海岸的威斯康星州，由 1939 年建成的办公楼与 1944 年建成的研究大楼组成，是赖特最为成功的办公建筑杰作。作为献给家乡的设计，想必这幢建筑对于赖特来说也有特殊的意义。而这幢建筑之所以能够如此倍受世人瞩目，正是因为作为一幢与众不同的办公建筑，它具有独特的结构体系、超现实主义的造型、诗意灵动的室内空间，以及在其中体现出的一种先知先觉的建构精神。

图 2-3　赖特设计的约翰逊制蜡公司

主体办公空间由一组伞状的柱子组成规整的柱网,柱子顶端相互连接,形成稳定的结构体系,四周用实墙围合。这种结构体系的核心是赖特创造的一种"树柱"。而这种造型奇异的柱子的设计灵感来自于赖特对于亚利桑那州一种仙人掌的空心结构的研究。这种完全创新的柱子是赖特天才的又一次绝妙展现,他在没有计算的情况下绘出柱子的尺寸,经结构师的验算竟完全符合受力要求。以至于在进行建设部门要求的抗压试验时,"树柱"竟然可以承受10倍的设计荷载。不得不说,这得益于赖特结构工程专业的出身,对于结构的精确把握让赖特一个个精彩的创意成为现实。

图2-4 约翰逊制蜡公司室内办公空间

图2-5 某阅读空间的室内设计,似乎能找到当年赖特设计的约翰逊制蜡公司的影子

若我们去认真研究艺术与科学的发展历史,就可以非常清晰地看到设计其实就是处于艺术与科学之间的边缘学科,创造新的事物离不开浪漫的艺术想象,当然也离不开理性的科学手段。艺术是设计思维的源泉,它体现人的精神世界,主观的情感审美意识成为设计创造的原动力;科学是设计过程的规范,它体现人的物质世界,客观的技术机能运用成为设计成功的保证。

设计教育就是为了培养这样一种融合性的能力,从思维方法、知识体系、评价路径等各个方面来整合艺术与科学。当设计的目标系统确立时,就应该从艺术和科学的角度出发,实事求是地选择、组织、运用各种可能的方法和手段。事实上,室内设计专业的学习就是建立在这样的一种认知模型上的,室内的空间、色彩、照明、陈设侧重从艺术的维度去理解,而尺寸、材料、构造、设备则侧重从科学的维度去掌握。

2. 创造的基础

所谓创造就是做出前所未有的事物,从马车到汽车,无不是工业设计的伟大创造,从石材建筑到钢筋混凝土建筑,都是建筑设计的伟大创造。创造离不开现实的生产技术条件，通过人的思维，针对创造对象生成概念及具体的工作方法，并付出时间与精力的代价，才能完成特定的创造（图2-6）。由此可见，创造的基础在于人本身心智与体能的潜质发挥。

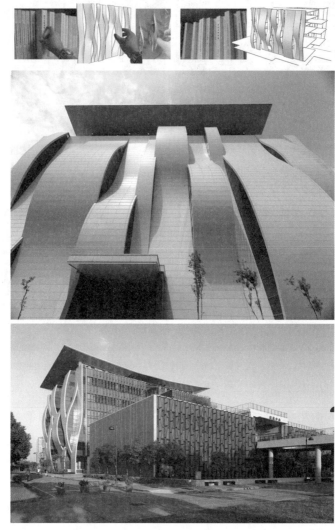

图2-6　某大学图书馆建筑外立面造型设计（以书架上排列的书为创作原型）

（1）原创的动力

既然创造的基础在于人本身心智与体能的潜质发挥，那么如何有效挖掘和发挥自身所具有的这种创造潜质，就成为每一个立志成为优秀设计师的学习者首先关注的点。当然，和其他任何学科领域一样，设计领域也不乏天才，他们对空间、色彩、尺度、照明等有着非凡而透彻的理解力和敏感力，这种"悟性"或"感觉"，是创作特别是艺术创作的基石。我们从密斯·凡·德·罗、勒·柯布西耶、安藤忠雄等这些颇具传奇色彩的建筑大师身上就可以清楚地看到这一点：自幼充满天赋，没有受过太多专业性的科班式教育，却对建筑怀有强烈的情感，并追随自己的内心，凭借执着与努力最终成为一种崭新的建筑风格的开创者。

因此,在诸多动力因素中,与生俱来的这种自然天赋是任何人都无法回避的,但就实际情况而言,后天的付出与努力同样极其重要,如果对这些大师的个人履历稍微有一些了解的话,就不难明白这个道理,比如密斯·凡·德·罗的经历。

密斯是20世纪中期世界上最著名的四位现代建筑大师之一。他姓密斯,名路德维希,后来为了表示对母亲的敬仰,他又加上了母亲的姓"凡·德·罗"。现在一般人都称他为密斯·凡·德·罗,或者简称密斯。密斯出生于德国,后入美国籍,他是一位个性非常鲜明的建筑师,也是一位卓越的建筑教育家。他平时沉默寡言,但考虑问题富有远见,思维逻辑严谨,工作讲究实效。作为一位闻名遐迩的建筑师,他并未受过正规的建筑教育,精湛的建筑技艺与独到的建筑观点是由于他从小在石匠父亲身边受到熏陶,后来又得到名师彼得·贝伦斯的指点才逐渐形成的。

20世纪二三十年代,密斯是提倡现代建筑的主将,"皮包骨"的建筑是他作品的明显特征,严谨而有秩序的思想使他坚持"少就是多"的建筑设计哲学。在处理手法上,他主张流动空间的新概念,这也正是区分旧传统的标志。密斯不仅擅长建筑设计,而且也是一位造诣很深的室内设计师,他设计的巴塞罗那椅至今仍享有盛名。密斯除了不断进行创作外,1930—1933年还曾任德国包豪斯学校的校长。1938年到美国后,他又长期担任伊利诺理工学院建筑系主任的职务,他在包豪斯教育的基础上融合了芝加哥学派的传统,创立了密斯学派(图2-7)。

密斯从包豪斯到美国后执掌伊利诺理工学院建筑系20年,前后设计了18座校园建筑,几乎是亲手塑造了如今的伊利诺理工学院校园。

图2-7 伊利诺理工学院的建筑

由于密斯作品有着独特的风格,而且世界各地有许多密斯的学生和追随者,他们崇拜密斯的原则,并在创作中发展了他的理论,因而建筑界形成了密斯风格并载入史册。

密斯风格的特点是力图创造非个性化的建筑作品，于是非个性化便成了密斯风格的个性（图2-8）。这种风格以讲究技术精美著称，大跨度的一统空间和玻璃幕墙外立面就是密斯风格的具体体现。尤其是他从1921年开始对摩天大楼进行探索，经过坚持不懈的努力，终于使光亮式的玻璃摩天楼在20世纪50年代以后成为当代世界最流行的一种风格。

范斯沃斯住宅

纽约西格拉姆大厦　　　　　　　　　　巴塞罗那椅

图2-8　密斯的经典作品

密斯的建筑大多是矩形的，从平面到造型，简洁明了，逻辑性强，表现出理性的特点。密斯建筑作品中的各个部分抽象概括，从墙面、屋面到地面，所有的线、面都有机地组合成一个整体，仿佛密斯要将他的建筑和各个细部精简到不可精简的绝对境界。虽然他在美国建造的建筑，结构几乎完全暴露，但是它们高贵、雅致，已使结构本身升华为建筑艺术。密斯讲究技术精美的建筑设计思想与严谨的造型手法对建筑师们产生了深刻的影响，这种影响遍布世界各地。

其次，就是建立一套有效的自身激励机制。所谓激励就是通过各种方式或者途径，发挥人内在潜质的最大可能性，天赋、兴趣、情感、意志等都得以充分的施展。认知心理学认为，激励是一个非常复杂的过程，需要充分考虑人的种种内在因素，有效的激励方式必须符合人的心理和行为的客观规律。

要去改变一个人的天赋很难，但把人放到一套有效的激励机制体系里，如兴趣、价值、需要等，人的内在潜质就可以被放大，原创力就可以得到质的提升（图2-9）。比如在孩提时代就表现出来的专一兴趣，就可能极大影响一个人日后从事某种专业的原创动力，虽然在达成目标的过程中会碰到许多始料未及的困难，但有时往往正是这种近乎偏执的专一兴趣，支撑住了其坚持下去的信念，并克服重重阻力，最终完成创造力的蜕变。

A 浴室
B 卧室
C 客厅
D 阳台
E 岛台
F 厨房
G 走廊入口

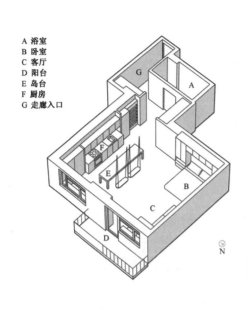

这间小型的住宅设计方案，处处体现了父亲对孩子在兴趣培养与个性塑造上的用心。

图 2-9　小型住宅空间设计案例

最后，虽建立自身的激励机制在客观上依赖于人的心理和行为要素，但在主观上却要依靠人的意志与自信，它们才是保障这套机制顺利落地的决定性因素。意志与自信虽然有先天性因素的影响，但在多数的情况下，却是在后天逆境中不断磨炼出来的。

(2) 环境的塑造

一个人创造能力的获得是一个渐进习得的累积过程，这个累积过程实际上就是人的全部后天经历，在所有的后天经历因素中，环境的塑造显得尤为重要。就如风塑造了独特的地貌景观，海浪塑造了曲折的海岸线，环境同样也塑造了人，家庭、学校、社会所组成的外部环境，对创造力的培养作用是不可低估的。

家庭作为社会组成的最基本单元，无疑是创造力培养的原生性环境。人的生命开始于此，人的思维也启蒙于此，人的各种先天性因素也遗传于此，正是这种代代相传、生生不息的力量，造就了人类不同的生理、心理及行为特征。这些特征虽谈不上决定性，但在一个人的后天发展中必然起到关键性的作用。比如一个人在婴幼儿时期的智力发育对其一生的影响是至关重要的，婴幼儿时期是语言发育的关键时期，而语言又直接影响到健全思维能力的养成，同时在创造性的思维能力中，语言的作用也是极为重要的。可以说，在艺术设计的创作过程中，语言表达、空间感觉、形体知觉等是创造力最需要的能力特征，而所有这一切能力的获得与家庭环境是分不开的。家庭环境最显著的特征就在于其所营造的潜移默化的教育氛围，家庭成员的言行举止、为人处事、思维模式、情感交流等语言和行为模式，都会对下一代造成巨大的影响，爱、尊重、宽容、榜样、互动等家庭的美好品质，对创造力的激发是极为有效的。

学校是创造力培养的第二场所，如图 2-10 所示。在学校学习的这个阶段，人的先天性素质已经基本定型，因此后天性素质的培养成为学校教育的主要内容。和家庭启蒙教育一样，学校教育并非为了填塞已有知识，而是培养独立思辨的能力与精神，最大限度地发挥每一个人作为完整、独立个体的内在禀赋与潜质，这种禀赋与潜质，从本质上来说就是人的创造力。创造力不会在一个依靠严格管理、按部就班、条条框框的环境氛围中产生，而很多时候是需要创造一个相对自由、宽松、自主、启发、引导、探索的教学环境，这正是艺术设计教育最理想的模式。对中小学甚至以后的大学来说，艺术教育并不是专门的技能性培训，而是不可或缺的人文素养教育，可以说，只有在建立了完整的艺术素质教育体系后，学校才会有良好的创造力培养环境。

注重激发小孩子探索与创造的欲望，是日本幼儿园在室内设计中很重要的考量点，通过开辟多样化的场景空间、设置类型丰富的功能设施来构建积极的学习环境。

图 2-10　日本某幼儿园室内空间

被誉为"现代建筑旗手"的柯布西耶，无论是他从小的家庭成长环境，还是学校的启蒙老师，可以说对其日后走上建筑设计之路的影响都是巨大的。

1887 年，柯布西耶出生于瑞士的一个海拔 1 000 m 的山间小镇拉绍德封，它位于距离法国很近的山脉中。这个人口只有四万人的小镇，以制表而闻名于世，1900 年时，该镇组装的手表占到世界手表产量的 55%。柯布西耶的祖父是这个钟表小镇的一位制表手艺人，柯布西耶的母亲出生于中产阶级家庭，是一位很有艺术修养的女性，以教钢琴维持生计。

年轻的柯布西耶曾在当地的一所美术中专学校念书，当时这所学校受新艺术派的影响很大，16 岁的柯布西耶在这里遇到了影响他一生的一位重要的伯乐："我的一位老师，一位非常好的老师，把我从一个平庸的命运中拯救了出来。他希望我能成为一个建筑师。当时我 16 岁，我接受了这一建议，服从了他。"

　　这位老师是 30 岁的查理斯·勒波拉特尼埃。他曾经在法国巴黎凡尔赛艺术学院进行过训练，并且是新艺术运动中一位自然画派的画家及一名科班出身的建筑师。他有着自己的建筑师与艺术家梦想，他将自己当年在巴黎的所学都认真地教给自己的学生们，并希望这群小镇少年能够成长为影响时代的建筑师。

　　柯布西耶 16 岁那一年，拉绍德封的市民们自发地想要将市中心年久失修的小教堂进行一次大规模的修复，大家不约而同地想到了勒波拉特尼埃老师，这位老师年轻时曾受过建筑师的职业训练，刚好可以作为此次修复的主持建筑师。

　　勒波拉特尼埃老师在此次修缮工作中和少年柯布西耶有了更多的交流与了解，年少的柯布西耶在他眼里是一个能够成长为优秀建筑师的苗子。他向柯布西耶讲述了很多自己曾在巴黎求学时的经历，他告诉柯布西耶：建筑学是很伟大的一个学科，建筑师通过建筑设计可以解决世界上的很多社会问题。这在少年柯布西耶的心中留下了很深的印象，在其成为一个职业建筑师之后的生命里，一直都带着作为一名建筑师的社会责任感，一直都在思考建筑学能够如何通过空间解决社会问题、为社会创造价值。

　　在老师的鼓励下，1907 年，年仅 20 岁的柯布西耶开始了他长达十多年的建筑游学（图 2-11），他的传奇人生就此拉开了序幕。

　　在之后的历练中，柯布西耶遇到了奥古斯特·贝瑞三兄弟，让他从古典主义中解脱出来并体验到了钢筋混凝土的魅力；在德国时，他还在彼得·贝伦斯门下学习，在德意志制造联盟里看到了机械生产与工业化的未来。

　　虽然这些长者让柯布西耶真正系统、专业地学习了建筑知识，开启了他对建筑的探索，但追根溯源，瑞士小镇里的查理斯·勒波拉特尼埃老师才是他最初的启蒙老师。老师的热情与理想被缓缓注入柯布西耶的生命中，促使他最终走上了建筑之路（图 2-12）。

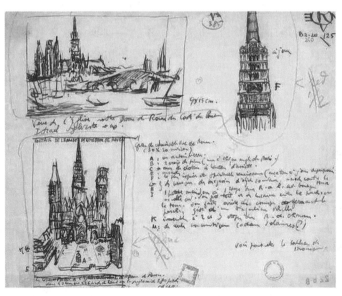

图 2-11　柯布西耶在游学过程中留下的大量笔记手稿

印度昌迪加尔高等法院大楼

法国马赛公寓大楼

图 2-12　柯布西耶的作品

创造的成果只有得到社会的检验和认可，才能实现真正意义上的产品价值，人的创造力只有经过这样的实践，才能不断更新与进步。可以说，正是社会为我们提供了创造力塑造的最好环境，同时，多样化的社会需求也成为人的创造力得以延续发展的直接动因。

3．构想的落地

设计的构想毕竟只是头脑里的概念，如果最终不能物化为实物（产品），即构想的成功落地，就失去了存在的社会价值，这就是艺术的产品与设计的产品本质上不同的地方。设计的创造力体现于最终所形成的实用性产品，不仅具有物质层面的功能，也有着精神层面的功能，只停留于头脑中或者表现于纸面上的创造对于设计来说是毫无意义的，这就是艺术家和设计师创造力表现的不同点（图 2-13 和图 2-14）。

中国国际设计博物馆是以包豪斯研究院为基础，在中国美术学院象山校区兴建的建筑面积为 1.68 万 m² 的新型博物馆，由 1992 年普利兹克奖得主阿尔瓦罗·西扎先生担任建筑设计师，2018 年 4 月投入使用。中国国际设计博物馆是一个遗产设计和当代设计展示兼具的博物馆。整体建筑造型简洁朴素，室外为红、白两色，雕塑感强。室内流线清晰，以白色为主基调，区块比例协调并成系统，配有恒温、恒湿及展览照明设备，满足博物馆各项功能需求。博物馆不仅拥有"包豪斯为核心的西方近现代设计系统收藏"，还拥有 3 万余件意大利男装收藏和 700 余件电影海报收藏。

图 2-13 中国国际设计博物馆

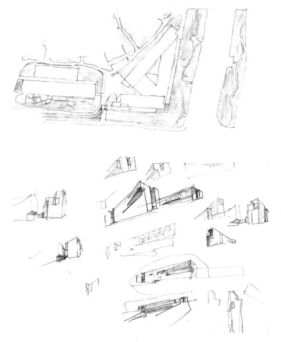

图 2-14 中国国际设计博物馆空间构思草图

(1) 构想的转化

设计是一个从客观到主观，再从主观到客观的必然过程。以室内设计来说，其过程是从接触具体的项目开始，围绕项目本身的客观条件、限制因素、设计要求，到一步步确立方案构想，并逐步深化成形，最终实施落地。可见这种创造力的基础是建立在全面的艺术素养、设计思维及生活经验之上的，设计的创造力就是在这样的一种过程链中不断积累与深化的（图 2-15）。

在设计构想向产品实物的具体转化过程中，设计者应具备广泛的专业知识体系、准确的认知思维模型，特别是文化、社会、经济、艺术、科学等方面的理念显得尤为重要。以文化来说，其作为人类社会历史发展过程中所创造、积累的物质与精神文明的总和，本身有着极为丰富和深厚的多维度内涵，世界不同地域的文化又呈现出完全不同的特征。这种地域性的文化积淀所反映出的思维模式、价值理念、审美取向及物化的风格样式，都成为设计者取之不尽的创作源泉。因此，任何设计行为必然依附于某种内在的文化内核，深入而广泛地了解不同文化将有助于打开设计思维，拓宽设计视野，抓住设计的本质。

图 2-15　阿尔瓦罗·西扎

(2) 从构想到现实

设计方案从构想到现实的转化过程，实际上就是头脑中的虚拟化形象朝着客观实物转变的过程，这个转变不仅表现于设计从概念性方案，逐步深化到施工图方案，再到工程施工的全过程，同时更多的表现于设计者自身思维的外向化过程。这是一个设计构想碰撞、孕育、成形的有序发展过程，是一个设计方案图形化和实物化的推敲渐进过程，具体表现为从抽象到具象、从平面到空间、从图形到实物三大环节（图 2-16 和图 2-17）。

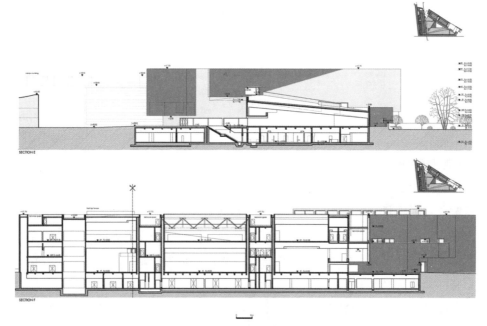

图 2-16　建筑剖立面

图 2-17 中国国际设计博物馆室内空间

　　从抽象到具象是设计构想逐步明晰化、形象化的环节。这就好比是画一幅创意画，一开始头脑里只有一些零零星星的思维兴奋点，思路也基本不成型，但随着思考的不断深入，这些兴奋点开始串联起来，并逐步清晰与成形，接下来就是通过图纸完整地表达出来。事实上，这个过程的关键点就在于如何选择一个能够精确表达抽象概念的物化形象，往往需要经历层层阻力，才能最终被确定下来。

　　从平面到空间是设计构想从概念到方案的技术表达环节。创意构想的物化环节完成后，成果可能是一堆构思草图，或者是电脑三维模型等，要把这样的阶段成果落实到可实施的方案中，还要依赖于专业的设计表达技术手段。就室内设计专业来说，概念性方案基本成形之后，一般采用电脑效果图、360°全景效果图或 SketchUp 动画漫游等方式来表现室内重点空间的设计效果。相较于传统的手绘效果表现图，采用电脑虚拟效果的优势在于可以让甲方充分理解设计方案，免去许多不必要的沟通障碍，同时也让设计方自身实现从概念性方案向实施性方案的转变，为方案的真实落地做好准备。

　　最后一个环节是从图形到实物。这个过程需要仔细推敲方案与施工的无缝对接，即选择合适的材料、合理的构造及可靠的工艺来最终实现设计方案。以室内设计来说，这个阶段的主要工作任务就是施工图的深化设计，解决一切可能存在的技术问题，毕竟，图纸与实物之间还是存在一定的差距的，纸上谈兵和实际带兵是两个完全不同的概念，有时漂亮的方案并不代表就能顺利实施，方案只有真正落实到具体的材料与构造，即落实到准确规范的施工图中，才具备了从图形到实物的实现基础。

4. 科学的逻辑

科学逻辑的思维与推理，主要应用的是抽象思维的方式，它也是人类所特有的一种认识世界与改造世界的能力。与感性、形象、直观的模式不同，它的特点一是抽象性与逻辑性，二是揭示出事物的内在联系和本质属性（图2-18）。

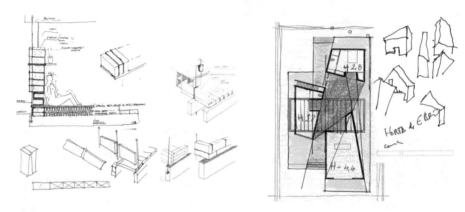

图 2-18　充满了科学逻辑的构思与分析草图

(1) 室内设计系统分类

室内设计作为一个综合性非常强的设计系统，其内容的分类可依据多种基础与方式，较为常见的有以下几类：

① 根据空间的使用类型分：一般可以分为居住类空间和公共类空间两个大的方面，每一个方面都包括相当多的内容。居住类空间主要满足人们家庭生活上的功能使用要求，较为注重家庭使用者的个性化需求，带有一定的私密性，包括民居、住宅、公寓、排屋、别墅等类型。公共类空间则相对来说种类更为宽泛多样，包括办公类、商业类、餐饮类、娱乐类、展示类、文教类、体育类、旅游类等，空间带有一定的开放性，且空间的功能属性感较为明显，设计应体现公共审美的要求。

② 根据人的生活行为方式分：每一个室内空间归根结底是为服务于人的不同需求而设立的，因此以人的日常生活行为方式来界定空间类型，在设计的思维逻辑方面显得更为合理，功能指向性也显得更为明确。基于这样的概念出发，室内空间就可以划分为休息空间、工作空间、学习空间、餐饮空间、休闲空间、娱乐空间、展示空间、接待空间、会议空间、交通空间等。

③ 根据空间环境系统分：室内空间并不是一个完全密闭的孤立系统，它时时与外

部环境发生着物质与能量的交换，以保证适宜的空气、温度、湿度、清洁度等。室内空间的环境系统主要包括采光与照明系统、电气系统、给排水系统（图 2-19）、暖通系统、声学与音响系统、消防系统等。

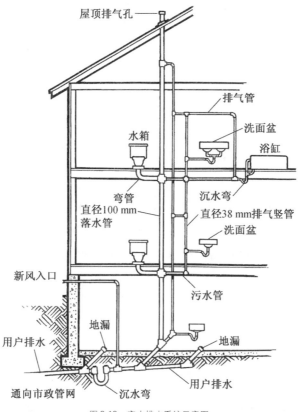

屋顶排气孔

排气管

洗面盆

浴缸

水箱

弯管
直径100 mm
落水管

沉水弯

直径38 mm排气竖管

洗面盆

新风入口

污水管

地漏

地漏

用户排水

通向市政管网   沉水弯   用户排水

图 2-19　室内排水系统示意图

这些系统都依赖于特定的技术与设备来实现，因此需要设计者建立相应的工程技术思维及科学的室内设计程序，充分了解这些系统的工作机制与原理，从而保证在设计的不同阶段与各专业保持顺畅的沟通与协调，良好地处理这些系统与室内设计在功能上、审美上的衔接。

以上这些分类方法，只是从设计的工作内容出发而做的分类举例，由此可以看出，分类的界定不同，研究的内容自然也不同，人们总是从不同的分类角度去揭示事物更深层次的内涵。

(2) 室内设计程序

所谓程序就是完成一个具体的任务或工作所应遵循的先后次序与方法步骤，科学分类的工作方法需要依靠严密的程序来保证（图 2-20）。室内设计作为一个相对复杂的设计系统，涵盖的知识面较广，专业本身的理论体系与设计实践中涉及相当多的技术与艺术门类，因此在具体的设计过程中更应该严格地遵循科学程序，这直接关系到项目的最终效果呈现。

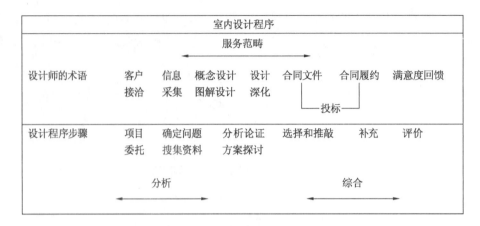

图 2-20　室内设计程序

　　室内设计的精髓在于空间整体艺术氛围的塑造，由于这种塑造过程的多向量化，使得室内设计的整个设计过程表现出各种设计要素多层次穿插交织的特点。从概念到方案，从方案到施工，从平面到空间，从硬装到软装，每一个环节都涉及不同专业的内容，只有将这些内容高度和谐地统一，才能称得上是真正的设计。由此我们也看到，室内设计系统是一个跨度大、历时长、环节多的复杂体，室内设计也不是一蹴而就的事情，任何一个环节处理不当，都有可能破坏设计系统的完整性和有序性。

第二节　室内设计思维的方法训练

　　任何有效思维体系的形成，都离不开长期的刻意练习，需要通过有针对性、持续性的方法训练，逐步掌握思维的普遍规律。对于室内设计来说，方案从萌生到成熟，往往要历经思维的不断碰撞、深入和成形的发展过程，在不同的阶段，有时需要在不同的思维模式之间来回转换。比如在概念方案阶段，侧重于发散性、艺术性的思维模式；而在施工图深化阶段，更侧重于逻辑性、科学性的思维模式。因此，对于室内设计者来说，进行系统性、学科性的设计思维方法训练是十分必要的，这将有助于设计能力的有效提升。

1. 积累与沉淀

　　做室内设计方案，从来就不是拍拍头脑瞬间灵光一现那么简单的，而是需要经历一个不断积累与沉淀的过程，设计思维的养成没有捷径可走，灵感从来就不青睐没有准备的大脑。所以，平时注重资料的搜集与整理对设计师来说实在是太重要了，头脑中资料的储备量，无论这种资料是文字的、案例的、图片的，还是影像的，甚至是童年时留下的片刻记忆，都直接影响到设计思维的有效发挥，是室内设计开始及质量的可靠保证（图 2-21 和

图2-22）。随着互联网技术的发展，设计资料传播与获取变得前所未有的便捷，许多设计案例、素材等资料可以非常轻松地以低价在网上购买到，如果时间倒退到2000年之前那是完全不可想象的。面对如此海量的图文参考资料，有的人会时常注意搜集与保存，这看似有着资料积累的好习惯，而实际情况则多半是资料保存之后，就永远尘封在了电脑硬盘之中，而失去了资料所具有的真实价值与意义。资料积累与沉淀的厚度显示了一个设计师所具备的功力与素养，包括文字与图片、观察与记录、经历与体验这三个主要方面。

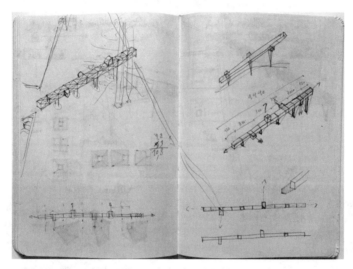

笔记本中记录下了设计师对生活中点点滴滴的理解、思考与分析，其本身就是一种学习和积累的过程，是良好设计习惯的建立过程。

图 2-21　设计师的笔记本

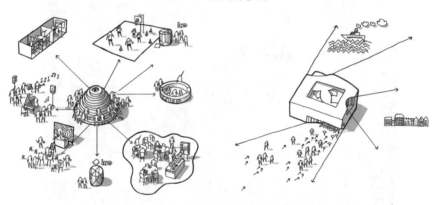

对于设计师来说，图形化的记录方式更为确信而有效。

图 2-22　图形化的记录方式

(1) 文字与图片

优美的文字，哪怕只是只字片语，都能传递出极为丰富的信息，同样可以激发出精彩的创意，为设计师的创造提供了无限想象的空间，通过具体的艺术形象反映出比单纯的文字更为鲜活、生动的具体可视的艺术形态。

东晋伟大文人陶渊明所作的《桃花源记》，与其说是一篇优美的文章，不如说是一幅理想的生活画面：与世隔绝的桃花源里，人与自然和谐共生，老百姓生活安宁和乐，自由平等，人人劳作，没有剥削，没有压迫，社会安定，民风淳朴，是一个人人所向往的理想社会。就是这篇文章，激发贝聿铭创作了日本的"桃花源"——滋贺县甲贺市美秀美术馆（图2-23和图2-24）。

图 2-23　藏在群山环抱之中的美术馆

美秀美术馆位于日本滋贺县信乐町自然保护区山林间，于 1997 年 11 月竣工。

图 2-24　现代版的"桃花源"——美秀美术馆

透过这座别致的美术馆，贝聿铭向我们展示了他心目中桃花源的理想画面：一座山，一个谷，长长的隧道和桥，还有躲在云雾中的建筑，这种意境在许多中国古代的文学和绘画作品中经常可以见到，走过一条蜿蜒的小径，到达一座山间的草堂，它隐在幽静中，只有瀑布声与之相伴……事实上，除了贝聿铭，当我们去看其他大师的作品时，也能感受到这种设计上的异曲同工之妙，比如赖特的流水别墅、王澍的中国美术学院象山校区建筑群等。

美秀美术馆除了它远离都市、隐于山林之外，最特别的是整个建筑的 80% 都埋藏在地下，但它并不是一座真正的地下建筑，而是由于地上是自然保护区。这一设计清楚地体现了贝聿铭的构想理念：创造一处地上的天堂（图 2-25 ~ 图 2-27）。他第一次到这个地方时，就很感动地表白："这就是桃花源"。美术馆建在一座山头上，从外观上只能看到一个个三角形、棱形等玻璃的屋顶，其实那些都是天窗，一旦进入美术馆内部，明亮舒展的室内空间完全超出人们的预想（图 2-28）。如果从远处眺望的话，露在地面部分的屋顶与群峰的曲线相接，好像群山律动中的一波，它隐蔽在万绿丛中，和自然之间保持着应有的和谐。现在看到的这个超过我们想象的建筑，可以说是在极为苛刻的条件约束下完成的杰作，显示了贝聿铭过人的设计才华。人们常常抱怨设计受到各种限制而无法实现初衷，但事实是正是因为有了这样或者那样的限制，优秀的创造才得以体现，美秀美术馆本身就是最好的说明。

隧道仿佛使我们远离尘世，走向另一个未曾涉足的世界。

图 2-25 通往美术馆的隧道

连接隧道与美术馆的斜拉索桥，犹如一道展开的帘子。

图 2-26　斜拉索桥

美术馆入口处的圆窗设计，有着宋代绘画小品的意境。

图 2-27　美术馆入口

图 2-28　美术馆的内部空间

　　图片资料包括各类摄影照片、商业广告、设计案例、作品集等，具有非常直观的信息传递效果，是室内设计最重要的创作灵感来源之一。当我们去细细研究和观察经典的设计作品，特别是那些大师的作品，图片往往能够收获用文字无法表达的立体感和真实感，一片舒缓的景观草坡、一堵粗犷的石笼景墙、一把厚重的木质座椅，都能把人带入鲜活的场景体验之中，这对于设计，特别是三维空间的设计，毫无疑问有着重要的价值和意义。

（2）观察与记录

　　观察是我们认识世界的基础，是一个人形成独立思考能力的重要手段，它往往和"记录"或者"思考"联系在一起，是设计师必须要养成的职业意识和习惯。设计来源于生活，设计也服务于生活，没有观察就谈不上真正的设计。那些一流的设计师，不无例外地都保持着平时生活中注重观察与思考，并随时记录下来的习惯，看看柯布西耶、梁思成这些大师平时的观察笔记就知道了。好的作品不是我们想象的那样一蹴而就、灵感爆棚时就蹦出来的，而是平常点点滴滴不断观察、思考、记录的累积结果（图 2-29和图 2-30）。

　　观察是一种复杂而细致的艺术，观察也是一种视觉审美的修养。这里必须特别提到的一点是相机替代不了观察，相机不能记录思想、内在结构和图示的组织关系，也不能记录人眼不能一下子就全部看清的事物，就如柯布西耶所认为的那样——相机阻挡了观察。事实上，观察的过程就是培养思考力和感知力的过程，这些能力都是设计不可或缺的。一个具有精确观察力品质的人，能迅速抓住事物的特征和本质，在观察事物的过程中，更易避免简单、传统和老套的思维方式，而选择那种不寻常、非常规的创新方式，这往往是富有创造力的表现。

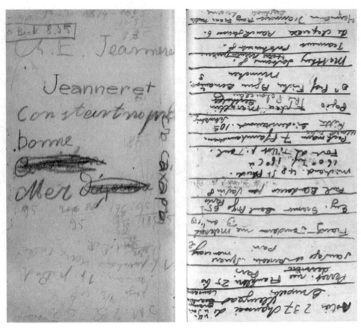

图 2-29　柯布西耶向东考察时的记录手稿

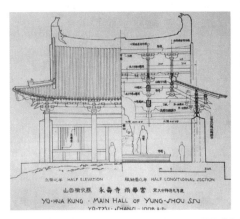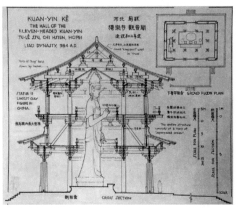

图 2-30　梁思成先生的中国古建筑手稿

(3) 经历与体验

经历对一个人的成长来说太重要了。俗话说"读万卷书，行万里路"，读书很重要，但同时也要使书中知识与生活接轨，而增加个人生活经历与体验就是接轨的最好方式。许多设计师都有定期游历的习惯，目的就是建立起看待世界的多维视角，拓宽设计视野，提升设计眼界（图 2-31）。所见到的东西多了，接触的人和物多了，思维自然会变得更为开阔、活跃和多元，也更容易设计出具有创意的作品。当然，一个人的经历也包括从他人身上的学习，曾经所遭遇的失败、自我的反思和探索等，这些都将成为设计师成长过程中极为宝贵的财富。

设计本身就是一个信息传达的过程，有时采用什么样的表达方式往往是设计的重点之一，而增加体验感无论是对设计师来说还是对甲方来说，都是一种极佳的表达策略。

试想，一个室内设计师如果缺乏对某个特定室内空间的体验感，又何谈去设计这样的空间呢？设计从某种意义上来说，就是设计一种生活方式，设计师必须熟悉空间里面的生活场景和内容，方案才有落地的可能性。因此，作为室内设计师，积累多样化的空间和场所体验感是必不可少的，它们最终成为记忆和经历的一部分，升华为人生的阅历、经验和见识。

安藤忠雄从小选择打拳击的目的是可以去很多地方看很多的建筑，他在建筑上的成就得益于他大量的阅读和多次到欧美旅行学习建筑学。1963 年，22 岁的安藤开始了一个人的"毕业旅行"，从日本各地到欧美，考察研究各地著名的建筑，至今他还保留着旅行中的详细记录速写图，且仍然坚持这样做。

图 2-31　安藤忠雄

柯布西耶最大的成功就是带领建筑迈进了现代主义的大门，而这正是源于他丰富的人生经历与体验。试想，如果没有足迹遍布欧亚大陆的长达十多年的游学经历，那柯布西耶也不会在前人筑就的伟迹中寻找到未来的方向。

柯布西耶的第一次出游源自启蒙老师的鼓励。他遵循着前辈们惯有的路线：从巴黎开始，途经罗马、威尼斯、佛罗伦萨等古城，感受文艺复兴与古典主义之美，柯布西耶一路看、一路画，他的速写本中全是各地建筑的草图。终于，在意大利的卡尔特修道院内，柯布西耶感受到了建筑给予人的震撼。在这座远离喧嚣的修道院内，严肃的宗教用途与日常生活必备的功能，能够在同一个空间内随时转换，他说："这是一座可以给人带来喜悦的具有人性的建筑，这是一座独立、安静、深刻的家的中心。"

强大的功能性与外表的艺术性兼备，让柯布西耶找到了建筑本身应该拥有的一种理想的居住模式。40 余年后，在这座修道院的影响下，柯布西耶建造了拉图雷特修道院（图 2-32）。在设计初期，神父提出了自己的要求：为一百个躯体和心灵提供一个安静的居所。这样的要求正与多年前，柯布西耶在卡尔特修道院获得的启示不谋而合。在最终的设计中，修道院如同一个自给自足、自我承载的容器，在宗教、生活等多个层面，为信徒们提供了最佳的场所。

柯布西耶的第一次出游很快就结束了，回到巴黎后，他进入了巴黎美院观摩学习，而在路易十四时期就形成的布扎体系，与当时迅速增长的人口、不断扩张的城市化需求完全相悖，这让从未被学院体系束缚过的柯布西耶大失所望。在短暂的停歇后，柯布西耶再一次上路，这一次，他选择向东而行。他和好友从柏林出发，途径布拉格、布达佩斯、布加勒斯特，一直到达君士坦丁堡，然后再折向南方，最终抵达雅典卫城，没有任何积蓄的他，凭借对建筑强烈的好奇心完成了整个旅程。

图 2-32　法国里昂附近的拉图雷特修道院

　　和第一次的欣赏学习不同，柯布西耶开始深挖建筑与当地历史文化、环境风俗的关系，他对建筑的理解已经超越建筑本身，由内向外更进了一步，他将此次东方之行的所见、所闻全部用文字记录下来，最终出版了《东方游记》。在书中，他回忆自己面对宏伟的古迹时曾说道："在肃静的圣殿里流连几个钟头，让我生出一股青春的勇气和坦诚的意愿：做一个合格的建筑师！"

　　可以说，一生中数次出游的经历，使柯布西耶领略了建筑于不同历史文化背景下，扮演的角色与创造的价值。而在古典之美的基础上，身处人群之中的他能够让建筑走出神殿并贴近真实世界。而深受差异性的启发，柯布西耶的建筑拥有他人所不及的包容性与开放性，这样的气质在时间、空间的流逝变化中永不褪色。

2. 构想与想象

想象是一种人类所特有的高级认知过程，是创造性思维最主要的形式，是人在头脑里对已储存的表象进行加工改造形成新形象的心理过程，也就是人们将过去经验中已形成的一些暂时联系进行新的结合。它能突破时间和空间的束缚，凭表象之手触摸感觉不到的世界，因此麦金农说："想象力是大于创造力的。"想象也几乎表现在一切科学、艺术的创造性活动中（图2-33和图2-34），可以毫不夸张地说，离开了想象，我们今天所看到的世界就绝对不会是这个模样，人类悠久灿烂的多元文明也将不复存在。

该建筑的特点处于野兽主义和未来主义之间，而这两种艺术派别正是其建筑师威廉·佩雷拉在其整个职业生涯中孜孜以求的。图书馆既有厚重的混凝土墩台，又有悬停在空中的玻璃外围护结构，仅姿万千地占据了厚重感与轻盈感之间的一个模糊的位置，上部楼层就像刚刚被摆放在基座上，随时能搬走似的。这两种条件之间的张力赋予图书馆一种超凡脱俗的外观，展示了建筑师令人吃惊的创造力与想象力。

图 2-33　加州大学圣地亚哥分校的盖泽尔图书馆

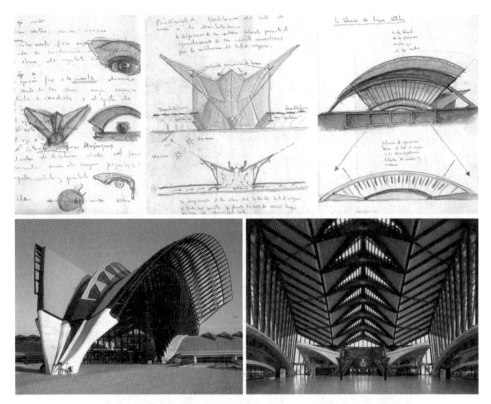

在此设计中，各种不同的建筑构件与象征性的符号完美地结合在一起，通过不同构件明晰的几何形态暗示着运动存在。韵律的结构和大片玻璃的处理，在室内空间上产生了一种丰富且具有动态韵律感的阴影变化。尽管整个建筑的形态让人不自觉地联想到鸟，但作为设计师的卡拉特拉瓦却拒绝承认这一点。

图 2-34　里昂机场火车站

(1) 空间体验

美国艺术心理学家罗道夫·阿恩海姆在《艺术与视知觉》一书中提出了"一切知觉中都包含着思维，一切推理中都包含着直觉，一切观测中都包含着创造"的重要思想。在其另一本专著《视觉思维》中，阿恩海姆第一次明确提出了视觉思维的概念。斯坦福大学的麦金教授则是在接受了阿恩海姆的理论观点之后，正式在其开设的创造性思维训练课上使用了这一概念。他发现，很多情况下是我们头脑中视觉形象的贫乏，限制了我们的想象力和设计能力的发展，创造性设计需要在人头脑中储藏足够多的形象，然后才谈得上再加工与再创造。每一件优秀的设计作品，无不体现了设计师创造性地运用生活中的形象积累与经历体验。室内设计从本质上来说就是一种空间的设计，空间设计在很大程度上则源自设计者的空间体验，这种体验是生活化的和艺术化的。

弗洛伊德认为，体验是一种瞬间的幻想，是对过去的回忆，对过去曾经实现的东西的追忆；是对现在的感受，对先前储存下来的意象的显现；也是对未来的期待，展望未来、创造美景。体验的原型是源于感性的，在人类历史的发展长河中往往具有不断演化、复现的功能。而空间体验行为大多数既是主体内部心理活动的结果，也是外部空间环境刺激的反映，两者是同一过程的两个不同环节和方面，不能截然分开。从空间意义的生成与审美价值取向来看，空间体验既是一种空间审美价值实现的途径，也是一种空间意义与场所精神的审美升华，填补了创作主体与空间使用者之间的空白。人在进行空间体验时，也就是感悟现实生活中场所与场所之间、建筑与建筑之间、建筑与环境之间、建筑与室内之间所存在的相互渗透、相互共生、彼此交感的空间秩序。

环境的创造不仅具有视觉的意义，也必然带给使用者丰富的感知体验，体验空间中的生活比空间更加重要。正如安藤忠雄所说："通过自己的五官来体验空间，这一点比什么都重要，要进行有深度的思考，与自己进行对话交流，在内与外、西方与东方、抽象与具体、单纯与复杂之间，渗入自己的意志而升华……人体验生活、感知传统的要素是在不知不觉中成为自己身体的一部分。"很多时候，生活体验的缺乏导致设计师想象力的匮乏。任何虚拟的体验都无法代替真实的场所体验，只有亲身走到现场，才有可能准确感受空间。这也是在方案设计开始前，场地考察显得如此重要的原因。因此，培养室内设计师想象力最好的方法之一就是多进行空间体验。

"住吉的长屋"是安藤忠雄最早的住宅名作（图2-35），他运用清水混凝土墙围出一座方盒子，把混乱市区的嘈杂都隔绝在房屋之外，同时引入自然资源，可以在家中欣赏四季变换，观赏植物繁盛与残败。其深意是，为面临巨大生活压力的现代人，打造一间远离生活喧嚣、充分融入自然的住宅，这套住宅其实就是他们疏解压力的独立空间。

 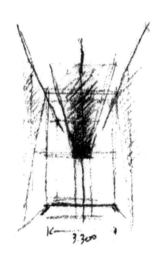

图2-35　住吉的长屋构思草图

空间布置采用的是向心式，庭院处于中间位置，每个房间都需要从庭院进入，但不会路过其他房间，这样充分保证了四个房间的私密性。另外，住宅不与街道接触，处于完全封闭的状态，只有自然光线可以从墙体开口处进入，照亮入口。

中庭使用无顶设计，一方面保证各房都可以从中庭进入，加强各房间水平、竖直方向的联系，另一方面，借由无顶的中庭，使建筑本身与外部空间产生联系，与自然产生接触（图 2-36）。建筑不只是遮风避雨的地方，也不应该是人们与自然完全隔离的地方，因此安藤采取此种方式来使人们充分贴近自然。同时，他也从与众不同的角度，向人们展示了"建筑是什么"，建筑不应该只是"温暖的溺爱"，它也可以是一种考验与试炼。

图 2-36   "住吉的长屋"住宅内部的庭院与连廊

长屋并未开设对外的窗户，其采光基本凭借庭院的自然光。由于庭院处于整个建筑的中间位置，因此，各个房间的光线都可以映照出中庭的光线。这也与安藤忠雄小时候的经历有关，他曾住过的长屋是狭窄且黑暗的，只有在经过庭院时才能见到阳光。因此，他在设计住吉的长屋时，充分发挥了庭院的功能。另外，长屋所有墙面都开有通风的地窗，这些地窗也能从一定程度上起到采光的作用。

混凝土是安藤忠雄最重要的建筑语言，住吉的长屋也不例外，它以清水混凝土为主要构造材料，厚实的墙面可以阻绝两侧阳光，以此达到降温节能的目的。清水混凝土坚固的特点也避免了长屋过于老旧而产生倒塌的情况。同时，安藤忠雄对混凝土进行精心打磨，使其从外表上看不出厚重感，进而使整个空间产生一种无重力状态。

安藤忠雄曾这样评价自己的设计："我切掉部分长屋，插入表现抽象艺术的混凝土盒子，将日本关西地区的人常年居住的长屋要素置换成现代建筑。这看似容易，实际并不简单。无论多么小的物质空间，其小宇宙中都应该有其不可代替的自然景色，我想创造这样一种居住空间丰富的住宅。"

虽然很多人并不理解，甚至认为住吉的长屋是在为户主制造麻烦，秋天需要扫落叶，冬天需要扫雪，甚至下雨天还要打伞去厕所。其实，安藤是以这样的方式帮助现代人回归本质，回归人与自然最初的关系。当然，其设计可能并不适合所有人居住，它更像是安藤忠雄本人的真实写照，简朴克制、独善其身、清心寡欲，而又充满灵性。

(2) 情感体验

设计能传递情感，表达设计者的感受。通常它都代表着一种容易辨别的特征：开放或封闭、欢迎或拒绝、热情或冷漠。设计之所以能够说话，部分是由于我们对于情感与细节的关联能力，一个人创造力的高低取决于他对自己所生存世界体验的深刻程度，想象力是建立在丰富情感体验的基础之上的，这种体验与感受来源于人们对精神与物质世界的积极而又理智的投入。

有一个作品在这里不得不提，那就是安藤忠雄所设计的著名的"光之教堂"，它几乎完美地诠释了建筑与室内空间的情感，利用光影的变化创造出细腻的空间情感变化与审美体验（图 2-37 和图 2-38）。教堂内部墙面上尺度巨大的镂空十字架，借助阳光在地板上投射出美妙的线性图案，而随着阳光角度的变化，不断移动的十字架光影表达了人与上帝之间的纯净关系。在这个室内空间中，因为开口的地方很少，光线在黑暗背景的衬托下变得异常明亮，渲染了上帝就是照亮世界之光这一主题。在这种强烈的明暗对比之下，光十字架对人来说就有着无比强大的吸引力。安藤正是运用这种朴素的建筑语言，在表现光明与黑暗的碰撞与对比中，激发出人类情感的共鸣，不仅达到了特殊的艺术效果，也极为明确地契合了宗教信仰的精神内核。

图 2-37　光之教堂的构思草图

安藤在设计中对光的理解与应用，很大程度上来自于他童年有一段时间居住在日本传统木结构老宅里的体验。

图 2-38　光之教堂建筑

(3) 文化认同

任何一个地方的建筑室内风格的形成，都是当地自然、历史、文化等多种条件综合作用的结果。人在特定的自然环境和社会环境中生活，感受着四季变换和风霜雨雪，也承载着家族故事和历史记忆。设计师把这些感知、情感、意象搓揉在一起，可以创造出充满文化感的新空间，也往往会唤起人的怀旧情结，并产生文化认同感与心理归属感。

就如墨西哥著名的景观建筑设计师路易斯·巴拉干所说的那样："我相信有情感的建筑。建筑的生命就是它的美，这对人类是很重要的。对一个问题如果有许多解决方法，其中的一种给使用者传达美和情感的就是建筑。"他的建筑和景观作品具有浓厚的地域特色，他学习地域历史文化以此来改变国际式建筑的单调形象。弗兰普顿曾经说过："对巴拉干而言，现代性与历史的连续性是密不可分的。"巴拉干不仅在空间和形体上，而且在建筑色彩和细部上向传统文化学习：他继承了热情洋溢的色彩——洋红、紫色、土黄、柠檬黄等来丰富自己的建筑；他通过对建筑和自然环境、历史文化之间关系的探索，重新诠释了现代建筑；他将情感融入墙体、水池、花园和广场之中，创造出了浪漫、绚烂的场景，令人沉醉其中，久久不能忘怀（图2-39～图2-44）。

通过小而窄的楼梯可以开门到达屋顶平台，这个屋顶平台反映了巴拉干对空间的不断探索，屋顶平台原先设计有低矮的木栅栏，由此眺望花园，后改成木板的女儿墙，后来又改成高墙围合的内院。这样住宅中就有了两个不同的园林：一个属于树木和花草，另一个对着天空，属于过往的风和白云。高高的墙面被刷成各种颜色，有紫色、黄色、蓝色，围墙形体和色彩的变化，使墙体获得了静态感、雕塑感，具有纪念效果（图2-45）。

其坐落于墨西哥城城郊，一条非常安静的街道的尽头。在这里，建筑师生活和工作了近四十年。建筑外观简朴，灰白色的外墙与普通民居保持一致，谦逊地融入邻里之中，而室内完全是建筑师自己的风格。

图 2-39　路易斯·巴拉干的住宅兼工作室

在入口门厅处，空间以洋红色的一面墙为背景，厚实的桌面从墙中挑出，半开敞的楼梯向上升起，极少主义画作在天光下分外夺目。小的楼梯以神秘的方式通向楼上的卧室。主卧室有着两层高的空间，豁达明亮，朝向花园。二楼通过一个狭小的楼梯间可以上到三楼，并可以到达屋顶平台。

图2-40　住宅入口门厅

起居室、工作室、书房都是两层高的空间，用矮墙隔开，但都不到顶，以不破坏坏梁的连续性。起居室面向花园，开巨大的窗，将花园的景致与光尽量地引进室内。大面积的玻璃镶嵌在粗糙的墙体中，而且墙体的开口特意设计得非常厚实，与轻盈透明的玻璃产生了有力的对比，强调了室内与园林的沟通。巴拉干认为住宅应该与园林在一起，使人的生活时时有自然相伴。

图2-41　住宅内部空间

　　穿过起居室和书房是一间工作室，房间的屋顶被刷成了黄色，和煦的阳光穿透屋顶的天窗照射到房间里，让人感到分外温馨。屋顶的木梁排成一排，强化着天窗形状的作用，并且它也是室内和室外空间的一条不易觉察的分界线。

图 2-42　住宅内部的工作室空间

　　工作室的另一扇门可到达另外一个小庭院，这扇门被设计成马厩的栅栏的样式，巴拉干一生酷爱骏马，在空闲时间里骑马成了他休闲的一种方式，至今在卧室外的过道里依然存放着他的马靴和皮鞭。在这个小庭院的一角放着一堆当地墨西哥人用来盛龙舌兰酒的陶罐，墨西哥的龙舌兰酒世界闻名，只不过在这里巴拉干把它们当成了陈列品。

图 2-43　马厩样式的门连通了室内外空间

二楼其中一个房间叫白屋。左上角的窗外其实是邻居家的庭院，巴拉干在此处偷了一个景。墙上的油画和桌上的雕像，代表了他对牧场生活的追忆。

图 2-44 住宅内部的其中一个房间

在巴拉干看来，色彩就是墙的生命，也是各个元素之间相互联系的纽带。这些色彩使巴拉干的建筑无论是室内还是室外始终充满了童话般的美好浪漫。

图 2-45 住宅的屋顶平台

巴拉干对色彩的浓厚兴趣使得他不断在自己的设计作品中尝试各种色彩的组合，这也许并不是他对色彩的研究而是一种体验。这种体验使他能够娴熟地驾驭各种艳丽的色彩，使几何化的简单构筑物透出丝丝温情，并用色彩塑造空间，给空间加上魔幻诗意的效果。他的色彩毫无羁绊地表达着各种情感与精神。巴拉干说："这种彩色的涂料并非来自于现代的涂料，而是墨西哥市场上到处可见的天然染料。这种染料是用花粉和蜗牛壳粉混合以后制成的，常年不会褪色。"可以看到，巴拉干常用那种粉红色的墙，墙边经常有一丛繁盛的同样颜色的花木，墙的颜色其实就来自这些花。

巴拉干作品中的这些美来自于对生活的热爱与体验，来自于对童年墨西哥乡村环境的记忆，来自于心灵深处对美的渴望与追求。在游历欧洲的过程中，巴拉干被地中海沿岸建筑浓烈的色彩风格所深深影响，在回到墨西哥后，他便开始关注当地民居中绚烂的色彩，并将其有意识地运用到自己的设计作品中。事实上，巴拉干认为童年的记忆是他创作的源泉和取之不尽的素材，童年时生活的民居场景、宁静私密的院落、色彩丰富的街道、开敞亲切的小广场，这些零碎片段的记忆带给了巴拉干极大的创作灵感，使其作品充满了浓郁的墨西哥风情。

3．主题概念性设计

创意性思维是每一个有正常思维能力的人都具有的一种创造性潜能，这种思维能力可以通过有意识的培养和训练来习得。更好地认识和挖掘自身的创意潜质，是成为一个成功设计师的必经之路。

面对同样一个问题，不同的人会从不同的角度分析和思考问题。不同专业背景的人，面对一个相同的问题，他们的思维路径和认识事物的坐标系是完全不同的。因此，学会建立多维思考路径就显得十分重要，对于创意性思维来说也是如此。我们在面对一个问题时，思考的源点越多、越具体，就越有可能从问题的各个层面延伸出更大的思维空间。

所以，当我们面对一个具体的设计命题时，千万不要只设定一种可能，不要只开辟一种途径，不要只求一种答案，而是要努力尝试打开多种思考的源点，通过多向设题来启发创意思维（图2-46和图2-47）。

意大利一家专门生产某品牌行李箱及服装的公司，其在巴黎的旗舰专卖店坐落于巴黎最充满时尚气息的一条街道。为了避免这个品牌世界各地所有专卖店的设计都如出一辙，设计师以巴黎当地独特的风格为基础，使用了一种与众不同的方法，创造出了一种新的理念。在专卖店内放置同一个系列的独立摆设，并称其为"茧"，这些"茧"符合以下关键词传递的特征：圆形、隧道、墙壁、密闭空间。所有用于展示的产品被陈列在茧外，而真正待售的商品实际上是包裹在茧里的，设计师希望通过这样一种"剥茧抽丝"的购物过程，让消费者体会到这些商品的来之不易，以留意到每件商品的魅力之处（图2-48）。

在意大利米兰的这个专卖店空间里，设计师则用幽默诙谐的方式，对店铺的室内空间进行了倒置，椅子被固定在天花板上，而吊灯从地板上伸出，新古典主义的拱顶变成了座椅，而镶木地板居然变成了天花板。

图 2-46　意大利米兰的某个专卖店

在这家餐厅里，设计师采用了"树"的概念，通过一个个树形的百叶片结构造型，再现了人们在树底下聚餐、聊天、观景的场景，设计师希望仿效创建一个个树冠并有树权的感观，将就餐的空间转换为一个更趋向自然的地方。灯光通过木材分支之间的过滤形成斑驳的光线，模仿阳光穿过枝叶带来的婆娑的树影。树的概念通过这种象征性的表达提升了就餐的空间品质，"树枝"向周围不断延伸，覆盖了整个就餐区。木材的切割通过细节设计及数控技术，保证了加工的精确性，同时木材给室内空间带来了温暖，各个界面也呈现出美丽的纹理。

图 2-47　某餐厅室内空间

店铺内部摆放了一系列"茧"的元素，以一种与众不同的创新方法将商品逐一陈列。甜甜圈里藏着服装，钉满钉子的墙面上挂着行李箱，系着松紧带的墙壁上挂着钱包，而由一圈玻璃纤维制成的圆柱形空间内则是更衣室。

图 2-48　巴黎某品牌专卖店

　　以下是一组学生的主题概念性毕业设计作品，由陈瑞怀、马程程、夏一伟三位同学合作完成，设计主题为"盒子空间·爻邨"，他们以集装箱为建筑空间构思的基本素材（图 2-49）。

图 2-49　集装箱主题社区概念设计

　　方案构思以中国传统的道家思想文化为切入点，汲取阴阳五行理念之精髓元素——"爻"作为设计精神的内核，正所谓"太极生两仪，两仪生四象，四象生八卦"，并以集装箱作为"爻"的单元，由此逐渐衍生出与八卦相对应的八种类型的集装箱建筑居住空间（图 2-50）。最后，通过他们之间的有机排列组合，共同构筑起一个包容、友好的集装箱主题社区（图 2-51 ～ 图 2-59）。

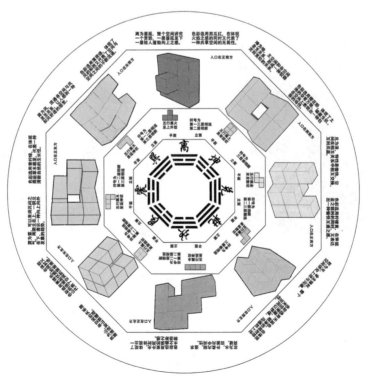

图 2-50　设计理念提炼

图 2-51　盒子空间·爻邨生活社区效果表现

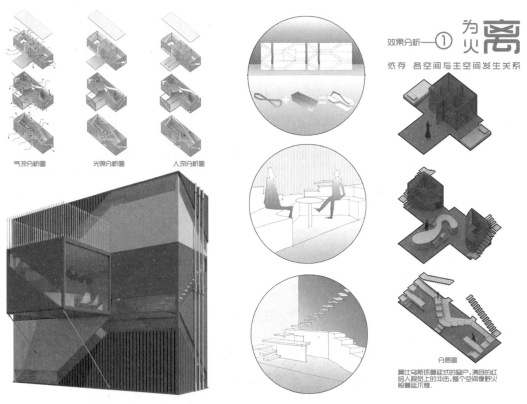

图 2-52　离为火

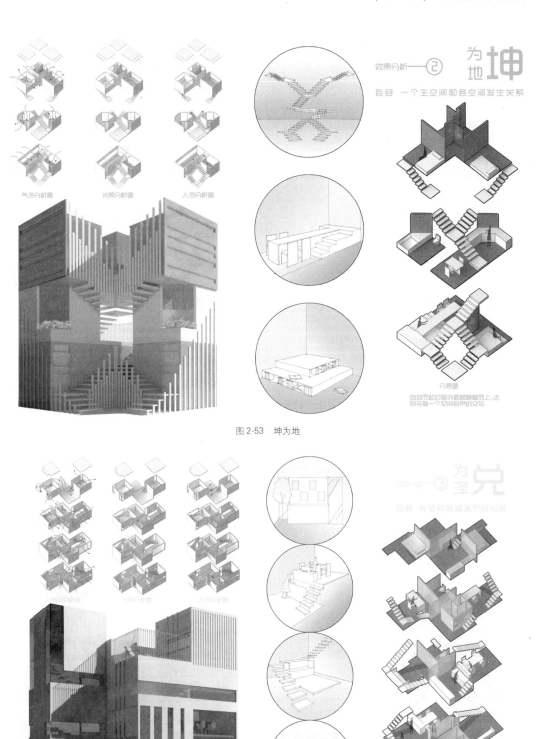

图 2-53　坤为地

图 2-54　兑为泽

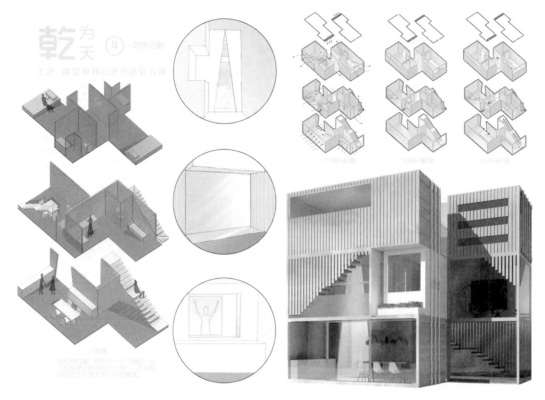

图 2-55　乾为天

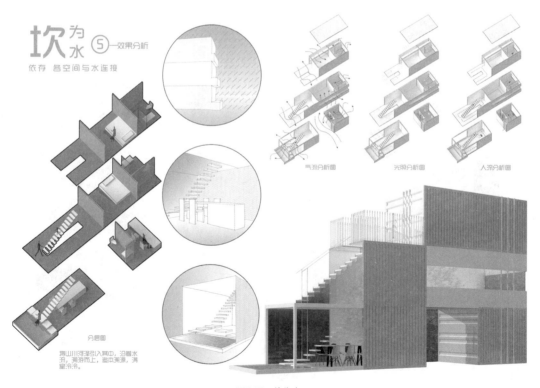

图 2-56　坎为水

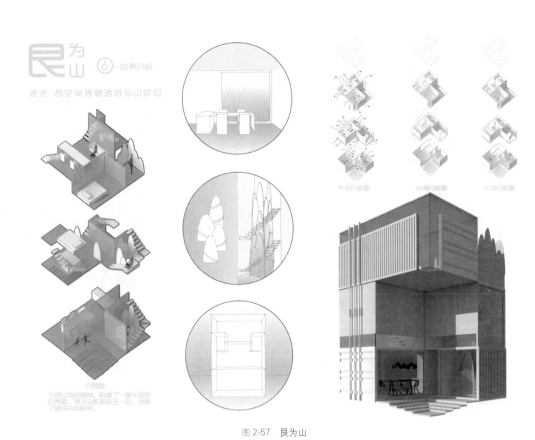

图 2-57 艮为山

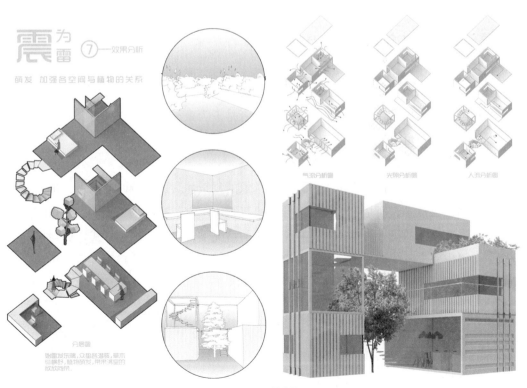

图 2-58 震为雷

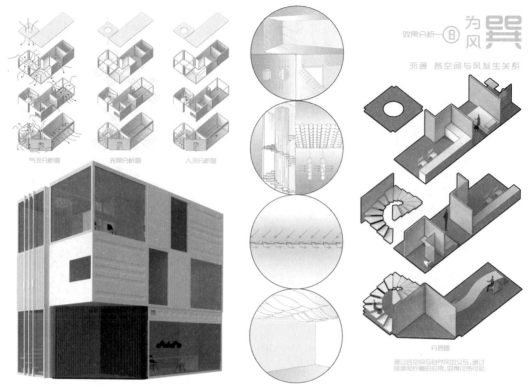

图 2-59　巽为风

第三节　室内设计思维的表达训练

就室内设计来说，如何将设计者已形成的设计概念，通过图形、文字、实物、语言等形式精准地表达出来，并完整地传递给使用者是极为重要的（图 2-60）。同时在方案的表达过程中，还可以进一步修正和完善设计概念。因此，在平时的学习中，我们就要格外注重设计思维的表达训练。

室内设计的时空多样性决定了设计语言选取的复杂性。这里所说的语言，绝对不是一个简单的语言概念，而是一个综合多元的语言系统。它包括口语、文字、图形、实物模型等，需要全面的设计表达方式。在相当多的情况下，同一种表达方式，面对不同的受众，会得出完全不同的理解。因此，室内设计的表达，必须调动起所有信息传递工具才有可能实现受众的准确理解。

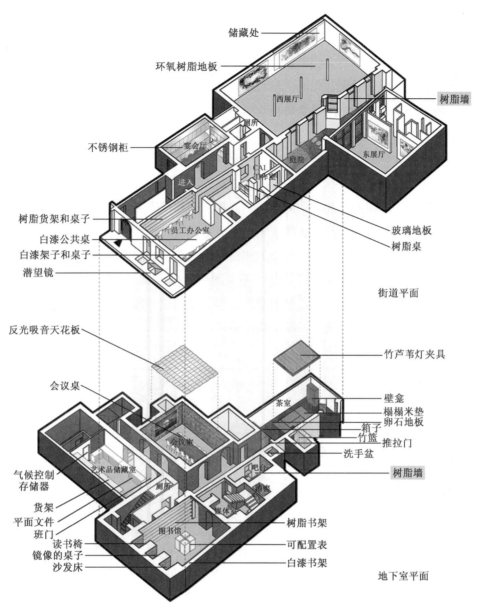

储藏处

环氧树脂地板

西展厅

树脂墙

厕所

不锈钢柜

宴会厅

庭院

东展厅

CAI
工作室

进入

玻璃地板
树脂桌

树脂货架和桌子

白漆公共桌

员工办公室

白漆架子和桌子

潜望镜

街道平面

反光吸音天花板

竹芦苇灯夹具

会议桌

茶室

壁龛
榻榻米垫
卵石地板
箱子
竹篮
推拉门
洗手盆

树脂墙

气候控制
存储器

艺术品储藏室

会议室

厕所

吧台

酒窖

货架

媒体室

平面文件

班门

图书馆

树脂书架

读书椅

可配置表

镜像的桌子

白漆书架

沙发床

地下室平面

在这一处工作室的室内设计表现中，设计师采用了三维轴测分析图的方式，将设计风格、功能布局、空间尺度、界面主材、家具陈设等方面的内容，非常形象而直观地传递给观者。

图 2-60 工作室室内空间设计表达

1．图形化表达

图形以其直观的视觉物质表象传递功能，排在所有信息传递工具的首位。因此不难理解，在室内设计所有的设计语言中，图形化的方式成为行之有效的表达首选。任何室内工程在开工之前，基本都依靠图纸来实现有效的沟通，图形比文字更能直观地表达复杂的概念，尤其是对于三维空间来说更是如此，毕竟我们所面对的客户，大多数都是不具备专业空间想象力的。

室内设计图形化思维的方法实际上是一个从视觉思考到图解思考的过程。这种思考方法在于观察、分析、想象和作画。思考以速写想象的形式外部化为图形时，视觉思维就转化为图形思维，对视觉的感受转换为对图形的感受。关系图表（泡泡图）、构思草图是最为常用的两种表达方式（图2-61~图2-63）。

所谓关系图表就是运用一些圆圈或者泡泡，并辅以线条、箭头、文字等元素，来分析和表达空间之间的相互关系。每一个不具方向性的泡泡，都代表着计划书中所确认的空间。位于最中间的泡泡是和其他周围的泡泡都有关系的空间。空间之间的关系则借助简单明了的线条或箭头来表示。这些线条可以有不同的粗细、颜色或其他特性，以便显示各种关系的本质。当然，在一些复杂的建筑空间内部，其空间泡泡图的泡泡之间，可能会出现许多重叠的关系线条，而使整个关系图变得极为复杂。因此，在这种情况下，最好针对每一个空间或区域分别绘制泡泡图，再辅以图表、流程图等形式来共同表达这些关系，以便更加清晰、准确地反映出整体空间的关系。

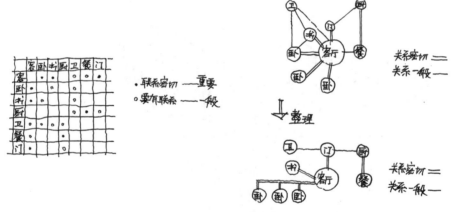

图 2-61　矩阵分析图和逻辑分析图

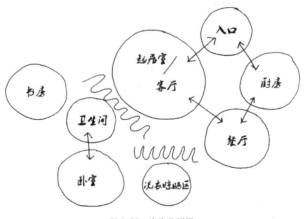

图 2-62　泡泡分析图

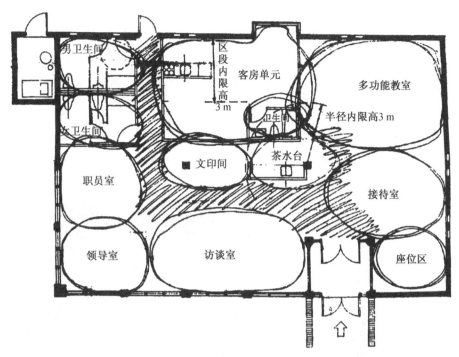

图 2-63　室内平面功能分析图

　　构思草图最大的优点就是表达快速，把头脑中一闪而过的念头用纸和笔简单而迅速地记录下来，这是设计师捕捉创意灵感最有效、最便捷的手段。因此，草图的表达应该做到尽可能简洁明了，有高度概括性，重在表达事物的内在本质关系。构思草图对于设计师来说实在是太重要了，当一个想法突然出现时，他可以通过手绘草图勾勒出这个想法，来确定其概念是否可行，或者做进一步的推敲和深化，这对于概念方案的最终成形起着决定性的作用。约翰·伍重在著名的悉尼歌剧院方案设计中，就是以一张不经意的构思草图而一举中标的（图 2-64）。由此可见，勾勒草图时往往在随意之中就会迸发出灵感的火花。在这种图形化的思维表达过程中，信息循环的次数越多，变化的机遇也就越多，提供选择的可能性也就越丰富，自然最后的构思也就越成熟。

图 2-64　伍重设计的悉尼歌剧院

　　看看那些大师们经典的设计草图，或许从中我们就可以捕捉到他们构思的精髓，感知他们创作的原点（图 2-65 和图 2-66）。伦佐·皮亚诺的草图表达清晰，线条精练至极，偶尔的色彩点缀让画面顿生美感，是自信而成熟的设计思维的自然流露（图 2-67）。勒·柯布西耶的构思草图常常违反比例规范甚至扭曲变形，很多时候也不求形体的准确，但却扼要展示出视觉构思中的概念意向，目的在于说明不同的意图，表达不同的设计意向（图 2-68a）。盖里的草图就如他的作品一样，线条简洁凝练，充满了行云流水之感（图 2-68b）。赖特在草图中则喜欢用透视来表达他设计的空间构想，很少使用模型，他经常在精确绘制的半成图上通过绘略图的方法继续修正方案，但也会利用微型图来阐明设计的最初理念。安藤忠雄和丹下健三的草图线条粗犷简练，建筑形态的概括性很强（图 2-69）。

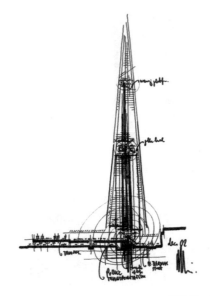

图 2-65　伦佐·皮亚诺设计的伦敦碎片大厦

图 2-66　扎哈·哈迪德设计的银河 SOHO

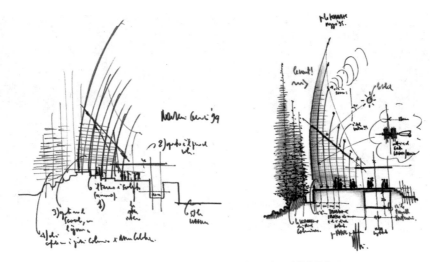

图 2-67　伦佐·皮亚诺在设计芝贝欧文化中心时的构思草图

柯布西耶设计的朗香教堂构思草图

盖里设计的古根海姆博物馆构思草图

图 2-68　构思草图一

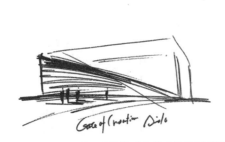

安藤忠雄设计的墨西哥蒙特雷大学建筑构思草图

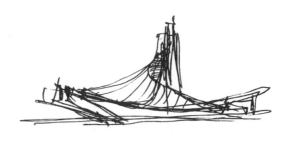

丹下健三设计的日本东京国立代代木竞技场构思草图

图 2-69　构思草图二

　　因此，就室内设计的整个过程来说，从构思阶段的草图，到方案阶段的效果图，再到深化阶段的施工图，几乎每一个环节都离不开图形化的表达。图形是专业沟通的最佳语言，熟练掌握图形分析的思维方式对于室内设计师来说显得格外重要。平时养成图形分析的思维习惯，将一闪而过的好想法及时记录下来，而在图形记录的过程中，又会触发新的创意灵感。事实上，很多优秀的设计作品，就是在这看似凌乱的草图堆中诞生的。速写、概念图、分析图、平面及剖立面草图、透视草图等各种类型的徒手画，可以说是培养设计思维表达的最好训练方式之一（图 2-70）。

图 2-70　单色草图可以用来构思室内的照明效果

2．虚拟化表达

随着现代建筑室内空间越来越趋向复杂，有时单纯使用徒手草图来表达构思已经表现出一定的局限性，这时，虚拟化表达方式的提前介入，可以为空间创意带来更多的可能性（图 2-71）。设计师借助各类三维设计软件，比如 3DS MAX 和 SketchUp、酷家乐等，在电脑上就可以非常方便而直观地看到室内虚拟场景，这有助于设计师更好地把握和理解空间，并在方案设计上做出更多新的尝试和突破。

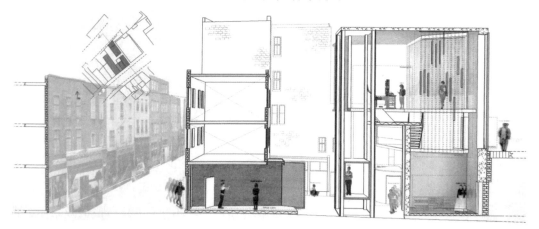

这张组合图纸是在对潜在客户讲述一个故事。

图 2-71　英国布莱顿大学室内建筑专业学生的规划与演示图

动画也是虚拟化表现的一个亮点，通过室内漫游动画，可以把人带入一个虚拟的室内环境中观察、移动和体验，这种体验包括了视觉、听觉，甚至触觉等方面的体验。毫无疑问，数字化设计必将成为未来建筑与室内设计的发展方向。当然，相比于实物模型，电脑虚拟化模型也存在一些缺点，比如真实的空间体积感和尺度感较为模糊，有时为了表现需要，场景透视有一定的失真感等。所以无论设计软件如何更新和发展，我们都不应该完全放弃实物模型的表达习惯，至少到目前为止，在新建一栋大楼之前，借助实物模型来对方案进行推敲和评估，仍然是设计师的首要选择，因为在空间尺寸感受上，它最接近于真实。

当然，有一点不得不提，就是尽管在设计中方案的表现图非常重要，但在方案的表达上和设计本身所花费的精力上，我们应该处理好它们之间的关系，表达只是一种手段，设计才是真正的灵魂。特别是在虚拟化表现盛行的今天，为了急于拿下设计项目，过分夸张甚至弄虚作假地做方案效果表现，而在方案本身却缺乏深入的钻研和细致的推敲，如此就偏离了设计的核心与重点，最终沦为花拳绣腿式的表面文章。

3. 实物模型表达

实物模型能够真实地反映室内空间关系、尺度、材料、色彩、比例等特征，能够让甲方更为直观地理解方案，提高沟通效率，并在此基础上做出准确的判断和调整。通过实物模型，可以把二维平面的设想转变为三维空间实物，完善空间研究。这种模型空间研究的方法对于初学者来说非常必要，是训练从平面思维走向立体空间思维最有效的方法，它有助于初学者建立正确的空间思维分析方法，更加直观地构建空间概念，理解空间的属性、分割、限定、尺度等方面，最终掌握空间设计语言。因此，模型制作训练的过程，其实就是对空间创造和理解不断成熟、深入的过程，学生们亲自动手制作模型，加上教师的指导，就可以更好地锻炼学生分析问题、探究问题和解决问题的能力（图 2-72 和图 2-73）。

瑞典皇家理工学院的模型制作课程

英国曼彻斯特艺术学院室内设计专业学生模型作品

模型由卡片和硬纸板制作理工而成，借助模型可以让观察者更加深入地了解到现有建筑与新增元素之间的相互关系。

图 2-72　模型制作与表达

台湾某大学的设计工坊

台湾某大学阶梯式制图与模型制作工坊

图 2-73　模型制作工坊

当然，实物模型由于尺度、材料、时间和财力等方面的多种限制，不太可能按照设计方案做出 1∶1 的实物模型，而小尺度的模型则很难达到像虚拟动画那样身临其境的观察与体验效果。此外，室内设计是一个融时间与空间为一体的四维空间，制作实物模型的表达方式，在时间的介入上还存在相当的欠缺。

第四节　案例分析与解读——某住宅室内空间设计

➤ 项目概述

本住宅室内设计项目位于湖州市西南新城区域某小区，东至横塘路，南至港南路，西至体育路，北至湖州兴辰置业有限公司，总建设面积为 113 004 m²，总建筑面积 31 万 m²，绿化率达到35%。建筑类型主要为高层和小高层，住户总数为 1 840 户。

本户型原始建筑面积约为 164 m²，为四房两厅一厨两卫的结构，东侧和南侧有阳台。

➤ 设计要求

本设计项目的委托客户为湖州某医院的医生夫妇，家庭成员还包括一个 6 周岁的男孩，目前正在上幼儿园。在室内设计的风格定位上，以简约的欧式风格为主，整个设计工程造价预算控制在 40 万以内。对于具体空间的功能安排，大致明确了以下几点意向：

① 需要具备一个独立的书房空间，一个次卧室。

② 主卧：卫生间采用透明玻璃隔墙。

③ 儿童房：要考虑一块榻榻米活动区域。

④ 厨房：采用开放式厨房且带有吧台。

⑤ 客厅：要考虑儿童活动区域。

此外，在材料的选择上应特别考虑环保性，空调采用卡式空调。

> **图解构思**

明确了设计要求之后，还需要到现场做基本的勘察与测绘，由于在本项目中，客户提供了建筑的原始土建 CAD 电子文件，因此免去了大量基础性的测绘工作，但这也并不意味着就可以略过现场勘察这一环节。事实上，现场勘察的工作极为重要，不仅要仔细校对图纸与现场是否一致，还有助于加深设计师对空间的理解。通过前期的资料准备与基础调研，设计的种子就开始渐渐萌芽了，首先可以从绘制逻辑关系图开始，帮助客户分析空间需要，然后通过气泡逻辑关系图引导出空间逻辑形式图，帮助确定空间的流线和布局，最终形成明确的空间规划形式（图 2-74）。

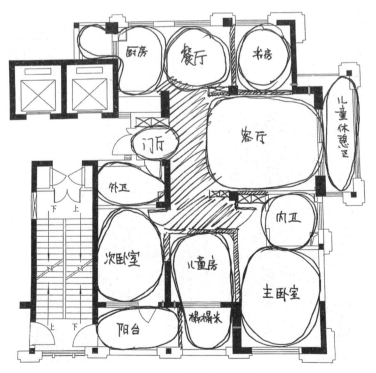

图 2-74　平面功能分区构思草图

➢ **概念草案**

在空间功能布局方案初步形成的基础上，对重点空间进行概念性的草案设计，可以通过手绘草图的形式加以表现（图 2-75）。

图 2-75　客餐厅空间构思草图

➢ **平面功能确定与重点空间效果表现**

在概念草案成形后，最好能与客户进行一次初步的设计沟通，以更好地达成方案共识，并进一步明确甲方需求。接下来就可以进入平面布置方案与重点空间效果表现的环节了，在这一阶段，就是要和客户一起共同确定平面布局及重点空间的效果图表现（图 2-76 ~ 图 2-80）。

图 2-76　平面布置方案

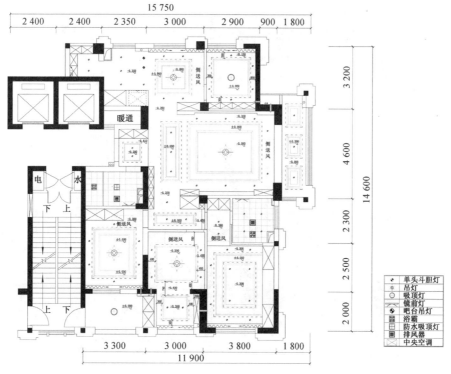

图 2-77　天花布置方案

图 2-78　客餐厅设计效果

图 2-79　主卧设计效果

图 2-80　厨房设计效果

➤ 方案施工图深化设计 （部分图纸）

重点空间方案完成并经客户通过后，整个室内空间的设计基调基本就确定下来了，接下来即可进入施工图深化设计环节。如果说方案环节以"艺术表现"为主要内容，那么施工图环节则更多以"技术标准"为主要内容。因为任何空间设计的实现，都离不开空间尺度体系和材料构造体系，它们才是保证方案真正落地的基础。再精彩的方案构思，再完美的效果表现，如果离开了技术标准的控制，就可能变得面目全非，完全偏离了原设计方案的初衷。事实上，施工图深化设计的过程，也可以被理解为方案进一步深化与确定的过程。一套完整的施工图纸，应该包括界面材料与设备位置、界面层次与材料构造、细部尺度与图案样式三个层次的内容（图2-81～图2-84）。

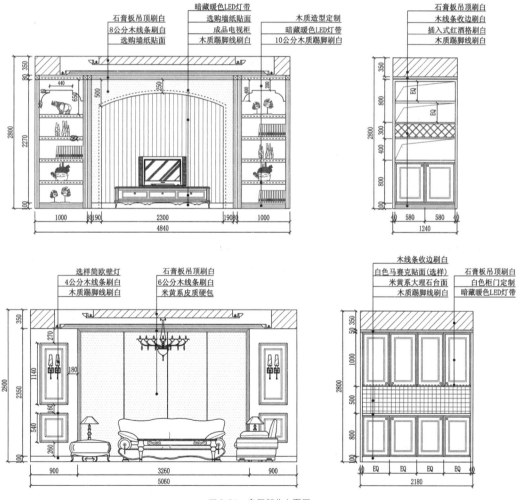

图 2-81 客厅部分立面图

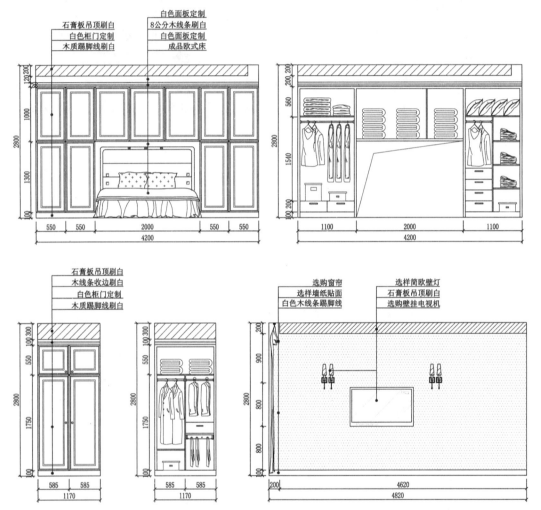

图 2-82　主卧部分立面图

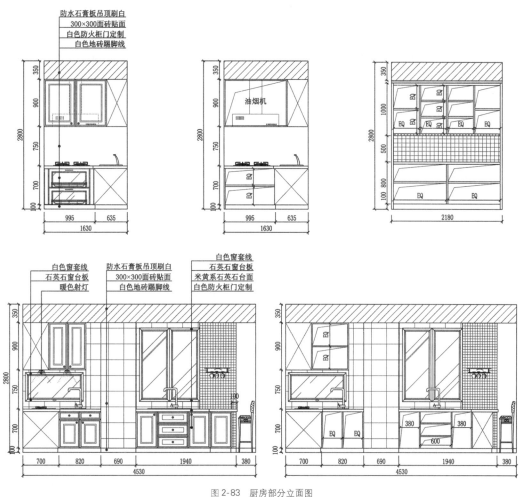

图 2-83 厨房部分立面图

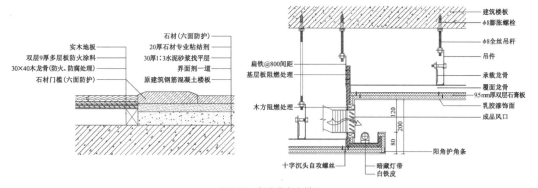

图 2-84 部分节点大样图

项目训练二　住宅室内空间快题设计

【实训目的】

通过接触实际的设计项目，掌握小型住宅室内空间的一般设计流程与方法。从拿到项目原始图纸开始，在明确甲方具体设计要求的基础上，从空间功能分析入手，到方案逐步成形，以至实现快速方案表现，培养学习者完成初步方案的能力。

【实训要求】

① 完成平面功能分析草图。

② 完成重点空间方案构思草图。

③ 完成平面功能布置图及主要立面图。

④ 完成重点空间的透视效果图。

【项目概况及设计要求】

（1）项目概况

普通工薪阶层三口之家，一对夫妻和一个男孩，男孩5周岁，现正在上幼儿园。该户型的原始建筑结构为三房两厅一厨一卫，外加南阳台一个，且南北两端各有一处设备平台。室内建筑面积约为105 m²，原始层高为2 860 mm（图2-85～图2-87）。

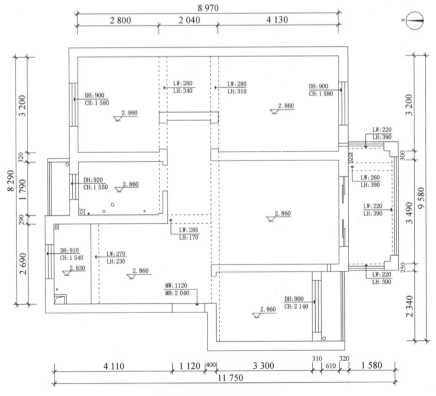

图2-85　原始结构现状平面图

图 2-86　项目现场照片

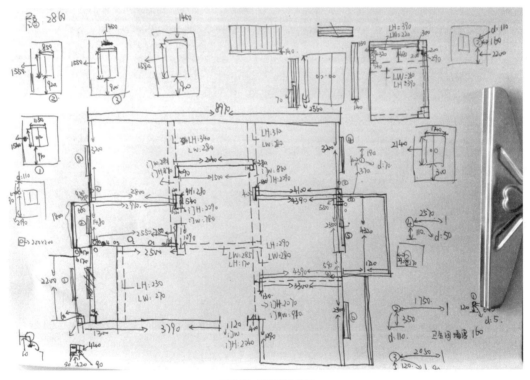

图 2-87　现场测绘草图

（2）设计要求

① 偏好北欧的室内设计风格，整体色调轻松明快。

② 需要具备两个卧室（其中一个是儿童房），一个书房、客厅、餐厅、厨房和卫生间。

③ 硬装整体造价控制在 15 万以内。

④ 空调采用吊顶卡式机。

【实训形式】

① 采用若干张 A3 普通复印纸。

② 采用手绘表现方式，制图比例自行确定。

③ 要求整体版面整洁美观。

④ 所有图纸 A3 横向左侧装订。

 拓展阅读

［1］卡拉·珍·尼尔森，戴维·安·泰勒. 美国大学室内装饰设计教程. 徐军华，熊佑忠，译. 上海人民美术出版社，2008.

［2］郑曙旸. 室内设计思维与方法（第二版）. 中国建筑工业出版社，2014.

［3］任文东，杨静. 室内设计创新思维与表达. 辽宁美术出版社，2015.

［4］LOFT 中国：http：//loftcn. com.

［5］Aestate：http：//www. aestate. co.

第三章

室内设计艺术性之空间·色彩·照明·陈设

设计的本质就是创造，其过程就是把各种细微的外界事物与感受，组织成明确的概念与艺术表现形式，从而构筑起满足于人类情感和行为需求的物化世界。设计的全部活动特点就是使知识和情感条理化，并使这种实践活动最终归结于艺术的形式美学系统与科学的理论系统。室内设计同样也建立在美学系统与技术原理之上，遵循比例、尺度、韵律、对比等形式美的法则，同样也体现照明、通风、声学、疏散等技术性的规范（图3-1）。

作为人流最为集中、流线最为复杂的区域，设计师构建了一个多功能、立体式的"焦点式"空间，把人的各种心理行为模式进行合理的延伸和放大，创造出精彩而愉悦的公众空间形象。

图3-1　美国波特兰州立大学商学院主楼中庭

任何一个设计构思在实现的过程中必然转化为材料、构造、设备等技术的构成，反过来，技术使用的可能性也将影响构思的成形。

第一节　室内空间构成

室内空间是建筑的灵魂，就如建筑大师赖特曾说过的那样："真正的建筑并非在它的四面墙，而是存在于里面的空间，那个真正居住和使用的空间。"赖特的有机建筑理论，发展了建筑设计中室内空间与室外空间的交融和渗透。由此空间的概念被完全放大了，突破了之前空间是六面体的限定概念，空间可以由各种面、线所限定，也可以由在地面上划分的范围所限定，或者由上部的天花板所限定，还可以由连续的表面所限定，进而产生空间的流动性。这就是现代建筑理论中的功能空间论，它强调建筑的功能不在建筑本身，而在于建筑所形成的空间。空间就是人活动的区域或范围，线、面、体、色彩、质感等，都可以视为空间内共同作用的构成要素。

1．空间的构成要素

室内空间是通过一定形式的界面围合而形成的，如果对各种形形色色的复杂空间形态进行简化和拆解，则可以得到最基本的点、线、面、体等构成要素（图3-2）。简化后的空间结构形态，比如三根柱子、一根柱子和一面墙、两面墙或者两块楼板等，都可以构成最基本的空间。把握这四种基本构成要素的特征和美学规律，能帮助我们在室内空间的设计中有序地组织各类造型元素，创造出生动、迷人的室内空间形象。

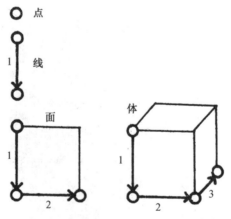

图3-2　三维空间的限定是由点的运动所决定

(1) 点

点没有明确的方向指示性，它仅仅表明在空间中的位置，因此在概念上没有长、宽、高，因而它是静态的。

当一个点处于区域或空间的中央时，给人的感觉往往是稳定的，并且能将周围其他要素组织和联系起来。而当它开始偏离中央时，不稳定的动态感也随之而来，与周围其他要素之间的紧张感关系也随之生成。由点所生成的这种形态关系，诸如圆形或球形，都具有点的这种以自我为中心的特点。具体到室内设计中，较小的形都可以视为空间中的点，例如大空间中的一件家具或者陈设。尽管点在空间中所占的面积或体积很小，但它在空间中的作用却不容小视，特别是有规律的点的组合，有时甚至能起到视觉中心与焦点的作用，给人以秩序感和动态感（图3-3）。

图3-3　美国国家美术馆东馆内充满了动感的雕塑

(2) 线

一个点可以延伸成为一条线，一条线也可以投影成为一个点，一个点表现出静止性，而一条线却能够在视觉上表现出方向性、趋势性和运动性，也就是说线能够表达设计的心理与情感，形成不同的空间感受（图3-4）。

空间中竖向的垂直线，给人高大、挺拔和肯定的感受，可以使空间获得拉高的效果。在哥特式教堂建筑的内部空间，这种垂直线条的作用可谓发挥到了极致，高耸的中厅两侧、一排排修长的结构束柱、一扇扇拉长的彩绘玻璃窗，使空间获得了不断向上的巨大生长感（图3-5）。

空间中横向的水平线，具有稳定与静止的表现。这种线一般应用在建筑檐口、平台、低矮的直线形家具上。经典的流水别墅就是水平线应用在建筑上最好的例证，由横向水平线条构成的巨大体块相互穿插，两层巨大的平台高低错落，一层平台向左右延伸，二层平台向前方挑出，充满了雕塑一般的稳定感与力度感。

空间中的斜向线条，给人以运动感和不稳定感（图3-6），斜面的吊顶、折线图案的地毯、斜向排列的吊灯都传递了这种感情，当然，有的时候，空间中运用太多的斜向线条会给人带来一种不安定感。

当两个特征明显的长方形以不同的方式分割时，一种水平分割，一种垂直分割，比例似乎发生变化

水平线有静止感

斜线是具有运动感的线

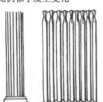

垂直线具有挺拔和尊贵感

垂直线强调和加强基本结构

折线(Z形线)从基本结构中剥离出来

沙里宁利用曲线设计了经典的作品——郁金香椅

图 3-4　线在设计中的应用

　　不断向上发展的垂直线条是哥特式教堂内部的主旋律，一排排束柱如大树般向上生长，一条条骨架肋撑起了高耸的中厅空间，越往祭坛的位置，装饰越为复杂与精细。

图 3-5　哥特式教堂内部空间

图 3-6　运用不规则的、交错的斜线木条构筑的就餐空间

不同形态的曲线常给人带来不同的联想，抛物线流畅悦目，有速度感；螺旋线有升腾感和生长感；圆弧线则规整稳定，有向心的力量感。曲线在空间中体现出优雅、精致、流动的特质，它总使我们联想起藤蔓、花朵、树木、河流、云彩等大自然的有机形态，比如旋转形的楼梯间、古典柱廊连续性的拱券、曲线形的公共座椅等，给人带来轻松、自由和愉悦之感，为空间增添了艺术化的生活气息（图3-7和图3-8）。

图 3-7　瑞典斯德哥尔摩皇家理工学院教学楼内造型优雅的螺旋形楼梯

图 3-8　曲线交错的楼梯与通道使空间充满了动感

因此，作为室内设计师，应该深刻理解每种线的特点与表现方法，使用线条塑造风格、表达情感、引导人流、改变空间视觉，通过各种线形的组合式应用，创造出丰富而生动的室内空间。

(3) 面

一条线在自身方向外平移时，就界定出一个面，面可以起到限定体积界限的作用，每个面的属性如尺寸、形状、色彩、质感及它们之间的空间关系都影响到它们围合起来的空间品质。常见面的形态主要可以分为平面和曲面。

和线类似，面的形态不同，在空间中给人的心理感受也完全不同。平面具有统一和稳定的感觉，容易相互协调；曲面具有连续、愉悦的动感，其中几何曲面显得稳重理性，而自由曲面则显得奔放浪漫。从对空间的限定和导向而言，曲面往往比平面能呈现更好的效果，曲面内侧场所感明确，给人以安全感，而曲面外侧，则更多地反映出对空间的导向性。

室内空间主要由三个位置的面构成，即顶界面、底界面和侧界面。它们特有的视觉特征和在空间中的相互关系决定了空间的形式与特点。

顶界面一般是屋顶或楼板的底面，也可以是室内的顶棚面，顶界面的形态、造型及高度对空间的影响至关重要。

底界面即地面，大多数情况下是水平的，但是在特定的场合，可以处理成局部抬高、下沉，甚至是倾斜，以获得更具层次和更丰富的空间效果（图3-9）。

日本这家工作室最大的空间特色就是创造了一系列高低错落的楼板，空间层次极为丰富。

图3-9　日本某工作室

　　侧界面主要包括墙柱面及隔断面，常常起着分割和围合空间的作用，对人的空间视线和心理感受影响最大。因此，侧界面处理的好坏，直接决定了空间的功能与使用，侧界面相交、穿插、转折和弯曲都可以构成动态、立体的室内景观，获得引人入胜的空间效果（图3-10）。

日本这处住宅，通过墙面的巧妙开窗与内凹处理，获得了室内丰富的空间视觉体验。

图 3-10　日本某住宅

（4）体

　　一个面沿着非自身表面的方向扩展时，就形成了体。体既可以是实体，也可以是虚体，体的这种双重性反映出空间和实体的辩证关系：体限定了空间的尺寸大小、尺度关系及色彩质感；同时，空间也预示着体的形态与特征。长方体、正方体是室内最为主要的形体，它们具有稳定和统一的视觉感受，容易互相协调，常常用来转换空间。但是过多的长方体和正方体容易产生空间的单调感，这时，适当地引入圆形、弧形及一定角度的形态空间，是一个不错的选择（图3-11）。当然，过多的形态也会造成空间的混乱，一个形态转换成另一个形态，从视觉上看应该是过渡自然和轻松愉悦的。

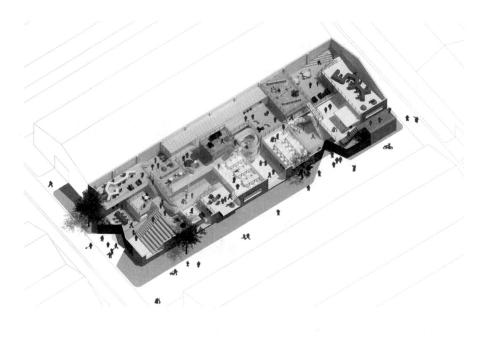

设计师在原本略显规整的空间内加入了适量的曲面形态空间，很好地调整了空间的单调感。

图 3-11　某办公空间设计的轴测图与剖切透视图

2．空间的序列

所谓空间的序列，是指空间环境的先后活动的顺序关系，是在原有建筑功能基础上所给予的合理组织的空间组合，室内各个不同的空间有着顺序、流线与方向的联系（图 3-12）。空间序列的设计，除了要满足人的行为模式需求之外，还应通过艺术化的手法从心理上和生理上积极引导人的活动。

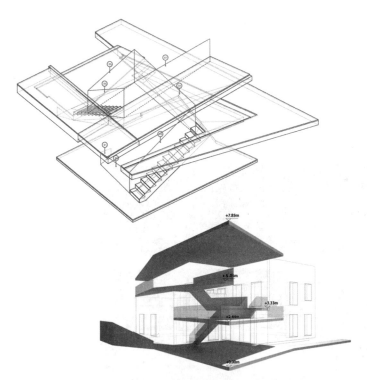

图 3-12　通过楼梯有效组织室内空间是这栋日本住宅的一大空间亮点

(1) 空间序列的设计内容

空间序列的设计应以空间的使用性质为依据，对于不同的空间性质和空间功能，处理手法自然也会有所差别，但无论如何变化，一般来说都可以分为以下四个主要环节（表3-1）。

表 3-1　室内空间序列设计的主要环节

设计内容		环节步骤
环节一	开始环节	空间序列设计的开端，预示着将展开的内容，如何创造出具有吸引力的空间氛围是其关注的中心
环节二	过渡环节	空间序列设计的过渡部分，是渲染人的情感并逐步引向高潮的重要阶段，具有引导、启示、酝酿、期待及引人入胜的功能
环节三	高潮环节	空间序列设计的核心和主体，目的是让人获得在环境中激发感情，并产生体验的满足感
环节四	结束环节	由高潮回复到平静的阶段，也是序列和流线设计的收尾阶段，以达到使人回味、追忆高潮后余音的效果

(2) 空间序列的设计方法

空间序列的设计不是一成不变的，而是需要根据空间的功能要求，有针对性地、灵活地进行创作，有时甚至是大胆地突破常规设计，反而能够收到意想不到的效果。一般来说，影响空间序列的因素主要是序列的长短、高潮的数量及位置的选择，这主要是由空间的规模及使用性质决定的。空间越大、功能越多，其相应的空间结构与空间层次也会更加复杂。任何一个空间的序列设计都必须通过结合色彩、材料、照明、陈设等环节来实现，具体可以从以下几个方面来考虑：

① 导向性。所谓导向性就是通过一定的空间处理手法引导人们行动的方向性，可以采用空间构图、材料肌理、艺术陈设等多种方式来传递方向性信息。例如，空间中连续的拱券柱廊、地面图案式的拼花、顶面曲线流动的灯具等强化性的空间导向（图 3-13），都暗示和引导人们行动的方向及视觉注意力。

通过自然卷曲形态的悬挂定制灯具，强化了空间的视觉导向。

图 3-13　某酒店大厅

② 视线的聚焦。导向性旨在引向空间的高潮部分，吸引人们视线聚焦，可以有意识地采用一些装置、色彩、陈设等，引导人们的视线主动向那里探奇和注目（图 3-14）。

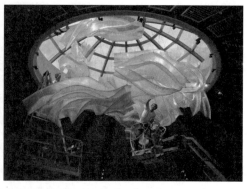

图 3-14　大厅中央的定制悬挂灯具无疑是视线的聚焦中心

③ 空间构图的多样和统一。空间序列的构思是通过若干相互联系的空间，构成彼此有机联系、前后有序的空间环境，它的构成形式随着空间功能要求的不同而形形色色。但局部无论怎样多，都离不开整体的统一，都在为引向空间的高潮部分做着各自的准备。

3．空间的分隔和组织

(1) 空间的分隔方式

在很多情况下，一个室内空间可以通过在空间上的重新分隔与组织，以达到更加合理、有效的使用功能，小到住宅空间室内设计，大到商业综合体空间室内设计都无一例外。室内空间的分隔，不单是技术层面的问题，也是艺术层面的问题，除了要考虑空间的功能之外，还必须考虑分隔的形式、方向、比例、线条等，良好的空间分隔总是虚实得体、构成有序的（图3-15 和图3-16）。一般来说，按照空间的分隔程度可以分为绝对分隔、相对分隔、弹性分隔及象征分隔四类（表3-2）。

这家独具特色的杂志出版社，采用层叠起来的杂志分隔办公空间。

图3-15 丹麦某杂志出版社

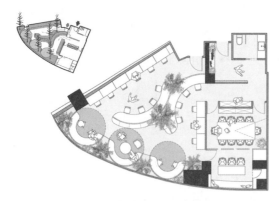

在这间面积不大的办公场地，设计师采用了灵活的空间分隔方式，获得了更为高效的空间使用功能。

图 3-16　办公空间的分隔与组织

表 3-2　室内空间的分隔方式及特点

分隔方式	分隔特点	典型空间
绝对分隔	空间封闭程度高，不受其他空间的视线和声音干扰，与其他空间没有直接的联系	卧室、卫生间等
相对分隔	空间封闭程度较小，或不阻隔视线，或不阻隔声音，或可以和其他空间直接来往	开放式厨房、办公空间等
弹性分隔	多用活动式隔断来分隔空间，空间可根据使用要求做灵活变化，可视需要各自独立，或视需要重新合成大空间	酒店内空间可调式包厢等
象征分隔	采用不同的材料、色彩、灯光、图案等来实现虚拟意义上的空间分隔，可以为人所感知，但却没有实际意义上的空间隔断	展厅、厂房车间等

(2) 空间的组织

　　所谓空间的组织，就是将不同的空间通过一定的形式联系起来，以成为一个统一完整的空间结构系统，对不同空间之间的距离远近、尺寸大小和使用功能尽可能做出最为合理的安排（图 3-17）。从理论上来说，各种空间问题存在着多种解决路径，但真正归纳起来，无非就是几种典型的空间组织排序系统，如线性结构系统、放射结构系统、轴心结构系统及格栅结构系统（表 3-3）。

在这个工业风的办公空间案例中，透过地面的色彩标识、墙面的空间分隔及家具的精心设置，室内空间的流线与组织显得一目了然。

图 3-17　某办公空间

表 3-3　典型的室内空间组织排序系统及相应特点

结构系统	系统特点
线性结构系统	将空间单元沿一条通道线进行布置，可以是直线，也可以是曲线，或者是一系列的分隔区间，或者各自都按一定的角度排列；这些单元空间都相连于这条通道
放射结构系统	有一个中央空间，空间和通道从该中央空间向外延伸；这种结构多半为较正式的布局，其重点在中央空间
轴心结构系统	两个或两个以上的线性结构以一定的角度交叉，轴线之间可以以不同的角度交叉，在其两端常常设有主要的终端型空间
格栅结构系统	把同样的空间类型组织在一起，并通过环流路线框定

4．空间的构图原则

空间的构图原则，是人类长期以来通过对大自然和艺术的仔细观察、总结发展而得来的。尺度、比例、均衡、节奏、强调、协调等原则在设计中的使用，确保了设计目标的有效达成。虽然在某一具体的空间设计中，没有纯粹的构图原则，但大多数室内空间设计都忠于这些基本的指导方针，尽管当代一些设计大师常常在设计中有意打破这些经过时间检验的准则，但是我们要明白的一点是，理解这些准则的确有助于提升设计师空间构图的创造力，这对于初学者来说是更不可忽略的。

(1) 尺度

尺度和比例有关，但尺度涉及具体的尺寸大小。对室内空间真实大小判断的唯一标准就是人体的尺度，因为任何一个空间，其服务的对象主要就是人，室内设计相关的尺寸都应该符合人体的尺度（图 3-18），如室内空间的层高、电气开关面板的安装高度、家具及设备的尺寸等。20 世纪 40 年代，勒·柯布西耶运用黄金分割矩形和方格矩形这两种原理，创建了一种复杂的称为"模度"的比例和尺寸系统。之后，柯布西耶在他的所有作品创作构思中都运用了这个系统，并且把它作为设计时的模数，一直到他1965年去世为止。

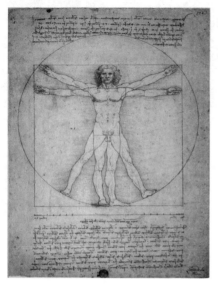
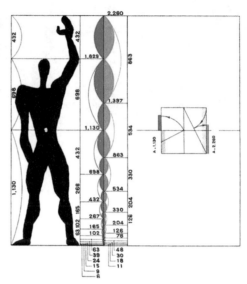

达芬奇绘制的人体的完美比例尺度(1492年)　　　　勒·柯布西耶的设计"模度"

图 3-18　设计与尺度

(2) 比例

古希腊人早在2 000多年前就已经发现了空间构图中美的比例，以此制定出了一些规则并流传使用至今，如他们创造了宽度和长度比为2∶3的黄金分割比矩形。黄金分割成为最令人愉悦的一种构图比例关系，位于雅典的帕提农神庙建筑，就是基于这一黄金分割比例建造的（图3-19）。此外，古希腊人还发现，一条直线的分割点位于总长度的1/2或者1/3处时最优美，这种分割被广泛用来规划墙面的所有组成部分，如壁炉的高度，悬挂画框、镜子及烛台的位置等。他们还发现，在空间中摆放奇数的物品比偶数的物品更能引人关注并使人产生愉悦感。

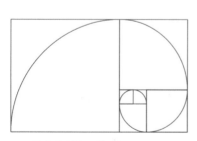
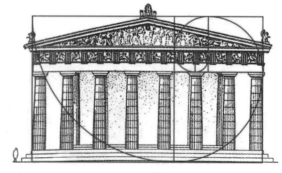

黄金分割矩形的比例1∶1.618　　　　帕提农神庙立面基于黄金分割比例建造

图 3-19　设计与比例

对于室内设计来说，一个空间的比例是由宽度、长度和高度这三个变量的相对长短来确定的，某个空间的特征和功能深受比例的影响（图 3-20）。一个空间的相对比例决定了其究竟是一个过道还是一个具有特定用途的场所。正方形的空间从几何学的角度来说最为稳定，但较难对其进行布置，因此当空间较为宽敞时，常被用于仪式庆典，而当其较为狭小时，则会被当作入口的空间。比例小于 1：2 的矩形空间是最为普遍的一种室内空间形状，因为这样的空间可以容纳各式各样的家具布置，并且易于把流通结构集中在空间内部。长而窄的空间则通常被作为流通空间。

方形　　　　　　　　　　长方形　　　　　　　　　　特高型

图 3-20　室内空间比例的影响

除了形态，在决定比例和尺度时，也需要考虑色彩、质感、图案及文化传统等要素，熟练地应用这些规则、空间设计的尺度和比例就能达到令人愉悦的效果。

（3）均衡

均衡给人以稳定的感觉，人的视觉习惯于均衡的状态（图 3-21）。均衡而稳定的建筑室内空间不仅是安全的，视觉上也是舒适的。均衡可以分为对称式均衡和非对称式均衡。无论是东方的木构建筑还是西方的石构建筑，对称式均衡是古典主义建筑的重要表现手法。非对称式均衡则没有严格的约束，适应性强，造型显得生动活泼，是现代建筑所探索的一种动态平衡。室内空间、界面及物品都离不开高与矮、大与小的合理搭配，从而达到舒适的空间均衡效果。明亮的色彩、厚重的质感、特殊的形状、稳重的图案及强烈的照明都更能引起视觉的注意力，并且在一个空间中获得多维度的均衡。均衡包括对称均衡、不对称均衡及发散均衡三种类型（图 3-22），合理而巧妙地运用均衡的设计方法，能够创造出充满视觉张力的空间效果。

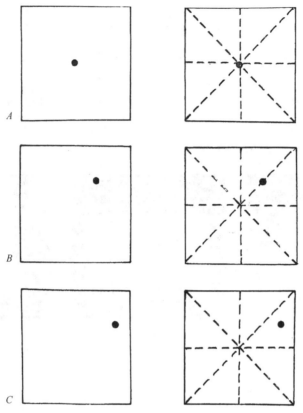

正方形 A 和 B，点放置在垂直或对角轴线处，产生秩序感，正方形 C 中的点随意放置，产生不安定感。

图 3-21　点在平面中的均衡感

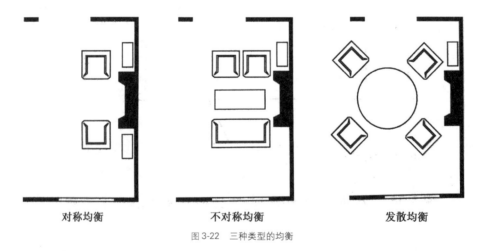

对称均衡　　　　　　　　不对称均衡　　　　　　　　发散均衡

图 3-22　三种类型的均衡

(4) 节奏与韵律

条理性、秩序性、重复性是创造节奏和韵律的必要条件。节奏和韵律有助于视线从一个区域向另一个区域移动，从而创造出跳跃、流动的空间效果。空间的节奏感和韵律感可以通过重复、渐变、过渡等方式获得，如连续的空间柱列、拱形窗或帷幕的装饰节奏（图 3-23）。

超大的凹斜采光玻璃顶蓬为室内带来了节奏与韵律，也带来了斑驳的自然光影。

图 3-23　西雅图中央图书馆室内空间

(5) 重点

室内空间的重点又称为焦点或者中心，是指空间中引起视觉汇聚的中心物体。恰如其分地运用重点可以使室内空间充满秩序感和统一的美感，一个缺少重点的空间，就如一台缺少主角出场的戏，必然会使人产生枯燥感和乏味感。空间构图重点受视觉感知的影响很大，我们的眼睛会通过扫视房间来捕捉重点的部分，进而获得空间情感上的体验（图 3-24）。色彩无疑是最为重要的元素之一，它可以使空间中的界面或物体被迅速识别，艺术性地运用色彩可以有效地突出重点。形态也是非常重要的元素，形态通常包括布置在空间中的各式家具及陈设品，使之成为空间中的重点。质感无论是粗糙的还是光洁的，光亮的或是灰暗的，都能够吸引观察者的注意，有时我们在设计中就可以巧妙地运用质感上的这种对比来加以强调。有时，灵活地运用照明，无论是天然光还是人工光，可以把空间中各个层次紧密地联系在一起，使其戏剧化，营造环境氛围，创造视觉焦点。图案，尤其是具有明亮色调、强烈对比或者夸张表现的设计图案，能够轻而易举地创造出视觉中心。

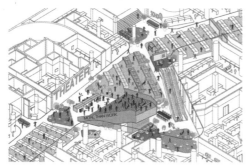

这片大台阶活动区，无疑是企业整栋办公大楼的"焦点"。

图 3-24　某大楼中厅

第二节　室内色彩设计

色彩是一种奇妙的东西，它直接影响着我们的视觉和情绪，其作用相比于装饰有过之而无不及，它在我们对室内空间和形式的感知方面扮演着极为重要的角色。色彩的使用和混合一直以来都是科学家、艺术家及设计师所研究的热点领域。同时，色彩也可以是一个非常主观的话题，每个人都有他们偏爱的色彩，这种色彩可能使他们想到某个地方某个时间，又或者会牵动他们的某种特定的情绪。充分理解色彩在空间中使用的复杂性是成功创造室内空间的基础。

英国工艺美术运动的倡导者和奠基人、著名艺术评论家约翰·拉斯金，在他所著的《现代画家》一书中就曾说道："色彩在所有可视的事物中是最神圣的元素"。的确，在我们以视觉认识世界的感知经验积累过程中，色彩起着举足轻重的作用，始终与人们形影不离，设计师们也普遍认为色彩是最为重要和最具表现力的设计元素。因此，系统学习色彩的完整知识体系是十分有必要的，应真正理解色彩是如何起到一种聚焦性和组织性的媒介作用，包括色彩的属性、个性、情感、配色方法及色彩关系，并准确把握色彩心理和人类生活情趣相结合的表现方法，发挥色彩在室内设计中的作用。

色彩离不开光，光是一切物体颜色的唯一来源，光线会影响我们所看到的色彩。清晨、中午、傍晚、月夜，色彩随着光线的变化而变化，或清晰亮丽，或温暖炽热，或暗哑沉闷（图3-25）。因此，当我们学习色彩的时候，首先有必要了解光与色的关系。

我们可以发现不同光线对色彩所产生的不同影响。

图 3-25　一天中不同时段的同一景致

1．光与色彩

光是一种电磁波，来源于太阳及其他人工光源，光的波长范围很广，但那些波长过长或过短的光波我们都无法用肉眼直接看到，只有波长在 380～760nm 的光才能被人眼看到，被称为可见光。因此，不同颜色其实就是可以被人眼观察到的不同波长的电磁波，波长最长的是红光，随后依次是橙光、黄光、绿光、蓝光和紫光，我们可以从彩虹中，或者光线穿过棱镜时看到这一分色效果（图3-26）。事实上，当我们看到一个物体呈现某种颜色时，其实这种颜色就是最不易被物体所吸收的光色，它通过物体的表面反射进入我们的眼睛，比如一面蓝色的背景墙，它就是吸收了除了蓝光以外几乎所有的色光，而蓝光则大部分被反射了回来。

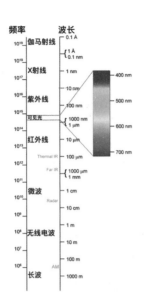

光透过棱镜后发生折射现象

光的实际范围远远超出人眼所见，在可见光光谱的两端分别是人眼所不能看见的紫外线和红外线，在这两者之间才是"人类的色彩空间"。

图 3-26　可见光的属性

2. 色彩与视觉感受

色彩是一种表情，不同的色彩给人带来不同的心理感受和情绪反应（图 3-27），比如冷暖、远近、轻重、大小等，这不但是由物体本身对光的吸收程度不同导致的结果，而且还存在着色彩间相互作用的关系所形成的视觉错觉，这对于室内设计来说，有时可以起到意想不到的效果。

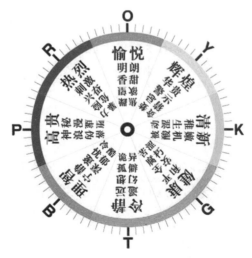

图 3-27　不同的色彩带给人不同的心理感受和情绪反应

(1) 温度感受

红色、橙色、黄色等颜色，我们称之为暖色，这是因为人类长期的生活经验告诉我们，暖色立刻使我们联想到太阳、火、沙漠等，带给人热烈、兴奋、活跃甚至有时是刺激的感觉。而蓝色、绿色、紫色等颜色，我们称之为冷色，这也是因为人类长期的生活经验告诉我们，冷色立刻使我们联想到江河、湖海、蓝天、草地等，带给人放松、清凉、宁静、安详的感觉（图 3-28）。无明显冷暖感觉的色彩则被称为中性色，比如黑色、白色、灰色、褐色、象牙色等，中性化色彩在室内设计配色中都会遇到，往往对于调和整个空间色调起着关键性的作用。

图 3-28　冷色和暖色

(2) 距离感受

不同的色彩可以给人进退、远近、凹凸的感觉，一般而言，暖色和明度高的色彩给人前进、凸出、接近的感觉，而冷色和明度低的色彩则给人后退、凹进、远离的感觉。在实际的室内设计中，可以很好地利用色彩的这种特点改变空间的尺度感和层次感。比如用暖色处理墙面，可以使空间显得紧凑充实；而用冷色处理墙面，可以使空间显得宽敞。

(3) 尺度感受

暖色和明度高的色彩给人扩散和膨胀的心理感受，而冷色和明度低的色彩给人内敛和收缩的心理感受，正因为如此，同样面积的红色与蓝色，红色看起来则会更大。在室内设计中，就可以利用色彩的这一特点来协调室内各个物件之间的尺度关系，以取得空间的协调和统一。

(4) 重量感受

明度和纯度高的色彩显得轻巧，比如橙黄、玫红等，明度和纯度低的色彩显得沉重，比如黑色、咖啡色等。在室内设计的构图中常以此寻求空间的平衡感和稳定感。比如室内空间偏高时，吊顶可以采用略重的色彩，地面可以采用较轻的色彩；反之，当室内空间偏低时，吊顶则可选用较轻的色彩，而地面则选用较重的色彩。

(5) 视觉错觉

人的眼睛按照自然的生理条件，对外部的色彩刺激能够做出本能的调节反应，从而确保视觉在生理上的平衡，这种现象就称为视觉错觉（图 3-29）。比如当我们注视红色一段时间，再看白色的纸张，就仿佛有绿色，而绿色就是红色的补色；又比如相同的橙色，放在红色的底色上会偏黄，而放在黄色的底色上会偏红。

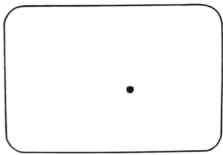

盯着上图中心下方的黑点看30秒，然后看下面白纸上的黑点，长时间专心看任何一种色彩能减弱眼睛对它的敏感度，而相反的颜色（补色）不受影响，影像会有一个短暂的停留时间直到恢复平衡。

图 3-29　视觉错觉

3. 色彩的属性

色彩具有色相、明度和彩度（饱和度）三种属性，也称为色彩的三要素，人眼所看到的任何一种颜色都是这三个属性的综合效果（图 3-30）。这三种属性同时表现在物体的色彩上且相互不可分割，只有通过这三个要素才能正确地定义和描述色彩。

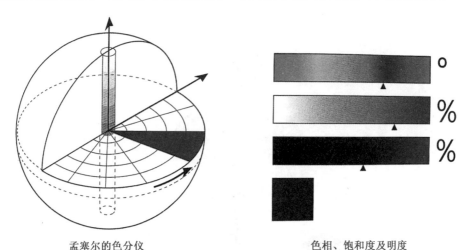

孟塞尔的色分仪　　　　　　色相、饱和度及明度

在孟塞尔的系统中，色相是围绕一个球体的周界所排列的，明度是从顶点（亮）到底部（暗）移动的，彩度则向着中间移动。在大多数软件的应用中，色彩可以使用色相、饱和度及明度模型来加以选择。

图 3-30　色彩的属性

(1) 色相

简单地说，色相就是色彩的相貌，是色彩的首要特征，是区别不同色彩之间最准确的标准，如红色、蓝色、绿色等，事实上任何黑、白、灰以外的颜色都是有色相属性的，通常可以用循环的色相环来表示（图 3-31）。

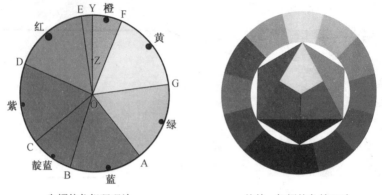

牛顿的色相环理论　　　　　　约翰·伊顿的色轮理论

在色彩理论的探索中，牛顿第一个理解到色彩并不是铺陈在一张长条形卡片上的，而是在一个连续统一体之中的。约翰·伊顿的色轮理论是建立在红色、黄色和蓝色的三原色上的。

图 3-31　色相环

(2) 明度

明度是指色彩的明亮程度，各种有色物体由于它们反射光量的差异就产生颜色的明暗强弱，通常从黑色到白色可以分为若干个阶段作为衡量尺度，越接近白色则表示明度越高，反之则越低（图 3-32）。在室内设计的配色中，加入黑色或白色，可以使一种色相提暗或提亮，也可以同时加入黑色和白色，创造出一种灰度的色相，即设计中常说的"高级灰"。

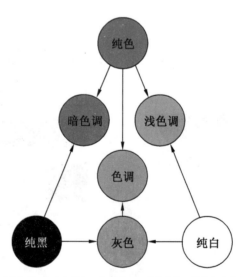

虽然黑色和白色被认为不是真正的色彩，但它们被加入色彩后可以形成浅色、深色和灰度色。任何色相增加黑色后形成深色，增加白色后形成浅色，而增加灰色后则形成灰度色。

图 3-32　色彩的明度变化

(3) 彩度

彩度也称为纯度或饱和度，是指色彩的纯净程度（图 3-33）。彩度描述了一种色相所包含的纯色的明暗强弱的差异性，通常可以用数值来表示色彩的鲜艳或鲜明程度，对于色彩彩度的高低，区别方法是根据这种色彩中所含灰色的程度来衡量的。彩度由于色相的不同而不同，而且即使是相同的色相，因为明度的不同，彩度也会有所变化。

在这个图例中，左图的绿色是高彩度的，但是当绿色加入它的互补色红色之后，彩度就会被减弱。

图 3-33　色彩的彩度变化

4．室内色彩配色方法

对于室内设计师来说，色彩可谓是最经济也是最富有视觉表现效果的设计要素，一个原本平淡的室内空间，有时会因着一抹恰如其分的色彩的加入而立刻变得生动立体起来，这就是色彩的魅力。人们常说"只有不恰当的配色，没有不可用的颜色"，这也正说明了室内色彩设计其实更重要的是配色。事实上，空间中色彩的装饰效果，取决于不同色彩之间的相互关系，同一颜色在不同的背景条件下，其色彩效果可以迥然不同，这是色彩所特有的依存性，所以，处理好色彩之间的协调关系是配色的关键内容。室内配色要把握色彩的整体统一性，也要注意局部的变化性，一般可遵循从整体到局部，从大面积到小面积，从美观要求高的部位到美观要求不高的部位这样的工作步骤。而从色彩关系来看，则首先应考虑明度，然后再考虑色相、纯度与对比度。虽然色彩配色不像结构设计或设备设计那样具有很强的技术性，而更多的是个人主观审美的一种集中体现，但如何合理搭配与巧妙组合色彩，以创造出完美的室内环境效果，却是一项充满挑战的工作。

(1) 室内色彩结构

室内色彩虽然由许多局部的色彩共同组织而成，但在视觉表现上必须遵循整体、统一、和谐的基本原则，为使用者带来舒适、愉悦的空间色彩体验。从色彩结构的角度来说，大致可以分为背景色、主体色和强调色三类。所谓背景色就是指室内固定的天花、地面、墙面等大面积的色彩，根据色彩的面积原理，这些部位的色彩宜采用彩度较弱的沉静色，以充分发挥其作为基底色的衬托作用。主体色一般指中面积的色彩，可以是单一的颜色，也可以是一个系列的颜色，起到整个空间中色彩的视觉中心或主题作用，宜采用较为强烈的色彩，比如背景墙、家具、地毯等（图 3-34 和图 3-35）。强调色一般指最易于变化的陈设品色彩，往往起到调节空间色彩气氛的作用。

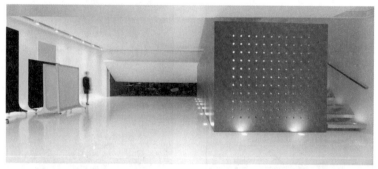

图 3-34　绿色的背景墙是空间中色彩的视觉中心

顶部是大面积的基底色，地毯和家具则采用了比较强烈的色彩。

图 3-35　加拿大某社区文化中心室内空间

　　任何色彩，究其来源无非有自然和人工两种。原则上，自然材料的色彩变化无穷，组合形式丰富，也难怪很多设计师会从四季轮回的自然景致中获取色彩搭配的设计灵感，因而，采用自然材料表现室内色彩时，应以追求自然、淳朴、厚重、和谐的色彩效果为最高原则。人工材料的色彩虽然种类较为有限，但在色相明度和彩度等方面选择的余地很大，无论是素雅还是鲜艳，无论是柔和还是浓烈，都可依照需要自如表现。当然，在很多实际应用上，室内色彩大多会采用这两种材料的综合表现方式，以获得最佳的视觉审美效果。

(2) 室内色彩构图

正如画一幅画或者拍一张照片需要良好而精心的构图，同样，当我们面对一个室内空间的配色方案，也需要有敏锐的构图意识（图 3-36）。虽然很多时候，设计师在做配色方案时，会首先考虑客户的需求和偏好，但不可忽略的原则是配色方案应源于并忠于室内设计的创意，无论设计师从哪里着手，室内的配色方案始终应遵循色彩适宜分配和空间自然过渡的规律。正因为如此，室内的色彩构图可以从一块精美的地毯、一幅珍爱的绘画或一件典雅的家具中汲取灵感，甚至是建筑空间所在的周边环境。

彩色英文字母造型装置限定出了一块块特定的休憩区域，满足了员工多种方式的个性化需求。

图 3-36　某科技公司的入口大厅

① 窗户。窗户对于空间来说实在是太重要了，无论是大面积的落地窗还是别致的圆形气窗，它们总能给室内带来光与色的惊喜，再配以窗帘、窗饰、窗幔、百叶、屏风等装饰性元素的色彩，常常成为空间的亮点。一般来说，如果要追求一个协调的背景，窗户的处理应当使用与墙面相似的色相、明度和彩度；如果要追求对比的效果，就可以采用与墙面相对比的色彩，当然，前提是必须和空间内的其他颜色相协调。

② 顶面。相较于墙面和地面，顶面色彩对于人的心理情感有着更为显著的影响，对空间的整体感觉起着很重要的作用。正如我们之前所提到的那样，当顶面过高时，深色或鲜艳的色相能使它看上去低一些；而当顶面过低时，相反的色相能使它看上去高一些。如果要让墙面和顶面看上去相同，顶面应该比墙面的颜色更浅，这是由于来自墙面和地面的反射，会使顶面看上去比实际偏深一些。又比如当墙面用深色的木饰面，顶面应该用白色或亮的浅木色才更容易出效果。

③ 木装饰。门套、窗套、踢脚、地板、护墙板等装饰细部的木饰色彩，对空间的整体色调影响很大。这就如较庄重的木饰效果，则可采用较稳重的配色方案；而较轻松自然的木饰效果，则可采用清新淡雅的配色方案。混合搭配使用不同的木材能增加空间的趣味性，但要达到相似统一的感觉，采用相似的木材是明智的选择。比如细致的淡棕色枫木和棕褐色的胡桃木通常就可以很好地搭配，而粗糙的金黄色橡木和匀称的红褐色桃花心木材就不是很搭。一般来说，许多设计师都会建议采用相同色彩的木饰，以便在整个室内环境中实现自然的过渡（图 3-37）。

该室内空间于 1936 年由芬兰著名建筑大师阿尔瓦·阿尔托设计，是典型的现代斯堪的纳维亚设计风格。

图 3-37　芬兰的玛丽亚别墅室内空间

(3) 室内色彩配色

色彩是室内设计师最有效的设计工具，熟练而灵活地配置色彩会使空间更统一与协调（表3-4）。在进行色彩设计时，首先要充分了解室内环境和设计对象，根据设计对象的特点，运用相关色彩知识进行环境色彩设计，并注意色彩整体的统一和变化（图3-38和图3-39）。最后还要进行适当的调整和修改，以最终确定其色彩设计效果。

表3-4　室内色彩设计的具体步骤与工作内容

序号	设计步骤	主要工作内容
1	前期准备	了解建筑的功能及使用者的要求
		绘制设计草图（透视图）
		准备各种材料样本及色彩图册等
2	初步设计	确定基调色和重点色
		确定部分配色（顺序：墙面—地面—天棚—家具—室内其他陈设）
		绘制色彩草图
3	调整与修改	分析与室内构造样式风格的协调性如何
		分析配色的协调性如何
		分析与色彩以外的属性的关系如何（如有无光泽、透明度、粗糙与细腻、底色花纹等）
		分析色彩效果是否正确利用（如温度感、距离感、重量感、体量感、色彩的性格、联想、感情效果、象征个性等）
4	确定设计效果	绘制色彩效果图
5	施工现场配合	试做样板间，并进行校正和调整

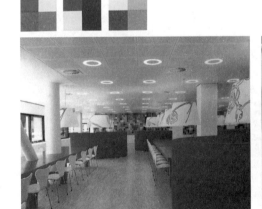

运用色相对比

运用互补色对比

运用色相对比创造视觉上的活跃感和强度；运用互补色对比，达到了将注意力集中在空间顺序中的特定时刻的效果。

图3-38　室内空间色彩配置

| 运用色彩的同步对比 | 运用色彩的扩展对比 |

运用色彩的同步对比，使得空间呈现出了额外的色彩；运用色彩的扩展对比，最终使空间获得了一种均衡感。

图 3-39　室内空间色彩设计

① 前期准备。这一阶段，主要了解室内空间的功能及使用者的具体要求，并有针对性地搜集一些相关的案例、意向图片等资料，也可以配合绘制一些设计构思草图。此外，也要积极准备各种材料样本及色彩图册，以方便日后与客户沟通与协调。

② 初步设计。这一阶段，首先是要确定空间的基调色和重点色，这对于合理把握室内环境氛围非常关键。其次是确定部分配色，可以遵循从墙面、地面、天花到家具，最后再到其他室内陈设的顺序来展开具体设计。

③ 调整与修改。初步设计完成后，需要进一步分析配色方案与室内构造样式风格的协调性如何，分析与色彩以外的属性关系如何，分析色彩效果是否正确利用。当然，客户的意见也很重要，综合这些因素后，对初步设计方案做合理的调整与修改。

④ 确定设计效果。这一阶段，确定色彩设计的最终方案，并形成色彩效果图。可以说，室内设计师的责任是协助客户挑选出适合其要求的环境色彩。

第三节　室内照明设计

室内空间的整体效果往往取决于光，让光"画"出具有创造性的空间艺术效果。日本著名建筑师安藤忠雄所设计的"光之教堂"就是最好的证明。好的光照可以说是室内环境最好的装饰品，不过出于健康和安全的考虑，光线的采用既不能过于刺眼，又要保证一定的亮度。室内设计师恰当地运用照明，可以有效改变室内空间的视觉效果、聚焦视觉重点、影响心理情绪、表现材质肌理，以及创造特定的环境氛围。萨利·斯多丽是英国最具领导性的照明设计师之一，她认为照明是一种艺术感极强、功能强大的设计，就如同魔术一般，无论是平面还是空间，都能营造出变幻莫测的意境。

室内的光照来源大体可以分为两类，一类是从室外进入室内的自然光。自然光可以共享，它对我们眼睛的伤害程度最低，并有利于缓解用眼压力，特别是在当今这样一个到处充斥着电子设备的用眼时代，最大限度地挖掘自然光的优势显得尤为必要。还有一类就是室内的人工光，从发光二极管到钨丝灯，从荧光灯到卤素灯，可谓五花八门、色彩斑斓，自然采光不足的空间区域，就成了人工光表演的舞台。发光二极管灯泡小而精，易弯曲，这种特点决定其可以用在架子底下或者弯曲弧面上；卤素灯发出的白光让人觉得亢奋和充满活力；钨丝灯发出泛黄的暖色光，使人倍感温暖和温馨；而像聚光灯这样的重点照明，一般用于突出空间里的某些特定物品。因此，无论是自然光还是人工光，仔细研究其色彩带来的心理感觉和印象显得尤为重要。成功的室内照明设计能够通过方位和操控，平衡不同种类的光源，并均衡每一种光照所带来的欣赏效果。

因此，室内设计师必须细致了解光的科学原理，掌握照明设计的基本原则，并随时与设备商、施工方交流与沟通设计思想。

1．天然光

天然采光主要是指对日光的有效利用，日光发出辐射光谱中的可见光，以及不可见的红外线和紫外线。由于日光中包含紫外光线，可以辐射能量、带来温暖，这对于人们的健康与生活都至关重要。

在可持续发展原则的指导下，以及大力推广绿色照明的今天，室内空间的天然采光和自然通风日益受到人们的重视。天然采光可以形成比人工照明系统更健康、更积极的工作环境，且比任何人工光源都更能真实地反映出物体的本来色彩。此外，从表现力来看，天然光具有丰富多变的特点，直射阳光为室内创造出极富光影变化的空间层次，而柔和的天空漫射光能细腻地表现出物体的细节和质感。

当然，这对于室内设计师来说，却是一项充满了挑战的工作，其难点就在于对日光入射量和入射方向的有效控制。设计师要根据项目的方位、地理位置和气候条件来设计最合适的采光窗，在降低眩光的同时引入日光，提升室内环境品质（图 3-40 和图 3-41）。

在图书馆的阅读空间设计中，照明设计是重中之重，良好的采光与照明可以构建更为积极与健康的阅读环境。

图 3-40　某图书馆的阅读空间

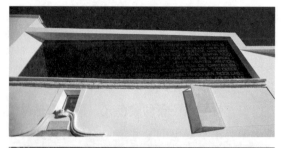

在阳光的照射下，玻璃窗上文字的阴影投射到欧松板墙面上，给室内带来了光影的视觉体验。

图3-41　西班牙巴尔沃亚博物馆

多变的天然光有时会给室内照明带来不稳定性，因此在一些需要恒定照度和眩光控制的空间，仅仅依靠天然光就难以满足正常的使用要求，在这种情况下就必须利用人工光进行辅助性照明。

2．人工光

人工光由于可以人为地调节和选用，所以在应用上比自然光更为灵活，它不仅可以满足人们照明的需要，同时还可以对室内环境气氛加以表现和营造，因而往往是室内设计的重点（图3-42）。

在电灯发明以前，人们主要依靠像火焰、油灯、蜡烛、煤气灯等作为室内的日常照明光源，这一类靠燃烧而产生的光并不能算真正意义上的人工光，而更像是天然光源的一种补充性照明，直到电灯的出现和普及应用。与天然光相比，尽管人工光存在许多不足，但在满足不同光环境要求，以及在光源和灯具种类的多样性、空间布光的灵活性、投光的精确性等方面都有着不可替代的优势（图3-43）。特别是在像博物馆、艺术馆这一类室内空间的照明中，由于需严格限制光线中红外线和紫外线的含量，而全光谱的天然光显然无法满足这一要求，因而此时采用人工光便能很好地解决这一问题。

人工光是室内灯光设计的重点，不仅为室内提供普通照明，更能有效地营造环境氛围，提升空间品质。

图 3-42　人工光

环境照明或一般照明　　　　作业照明或局部照明　　　　重点照明

图 3-43　人工照明的三大主要功能

3. 灯具选配

对照明设备来说，光源和灯具外壳是密不可分的整体，通常我们把光源和灯具外壳总称为照明灯具。从本质上来说，灯具其实就是一种产生、控制和分配光的器件，它一般由以下几个主要部件组成：一个或几个灯泡，用来分配光的光学部件，固定灯泡并提供电气连接的电气部件如灯座、镇流器等，以及用于支撑和安装的机械部件。在灯具设计和应用中最为强调的两点：一是灯具的控光部件；二是灯具的照明方式（图 3-44）。

目前大多数的灯具都是直接选用市场上五花八门的工业产品，灯具的种类可谓琳琅满目，有各种款式和规格，如斗胆灯、壁灯、吊灯、射灯、吸顶灯、落地灯、台灯、走珠灯等，灯光的颜色也是红、橙、黄、绿、青、蓝、紫样样都有。因此，在设计中合理选择和搭配灯具成为设计师的一项重要工作。

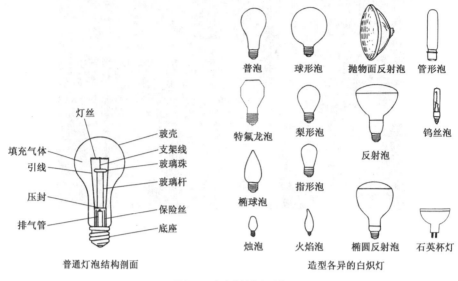

灯丝
玻壳
填充气体
支架线
引线
玻璃珠
玻璃杆
压封
保险丝
排气管
底座

普通灯泡结构剖面

普泡　球形泡　抛物面反射泡　管形泡

特氟龙泡　梨形泡　　　钨丝泡

反射泡

椭球泡　指形泡

烛泡　火焰泡　椭圆反射泡　石英杯灯

造型各异的白炽灯

图 3-44　灯泡的结构与形态

灯具的分类方法很多，可分别依据灯具的功能、安装状态、使用光源、使用场所等来分类（图 3-45）。以下根据灯具的安装状态对不同类型的灯具做简单的介绍。

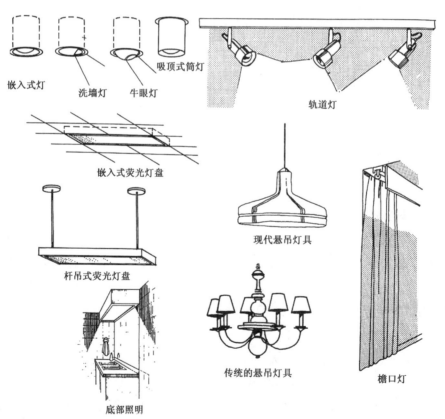

嵌入式灯　洗墙灯　牛眼灯　吸顶式筒灯

轨道灯

嵌入式荧光灯盘

杆吊式荧光灯盘

现代悬吊灯具

底部照明

传统的悬吊灯具

檐口灯

图 3-45　常见的顶面安装灯具

(1) 悬挂式灯具

悬挂式灯具为室内局部空间提供均匀的一般照明，可用于住宅、办公、学校、超市、酒店等多种室内空间。悬挂式灯具的外观尺寸、材质、悬挂高度、适配光源等差异性很大，在选用时应根据具体情况进行处理（图3-46）。比如当下非常流行的办公平板吊灯，具有外观简洁、风格稳重、照明稳定、组合灵活、价格经济等诸多优点，在现代开敞型的集中办公空间内应用很普遍，而灯具间不同形式的组合方式往往成为整个空间中的视觉趣味焦点。

金属罩面吊灯   多头吊灯

金属罩面吊灯，金属感十足，特别适合用于工业风的室内场所；多头吊灯，更具动感，适合用于轻松高雅的室内场所。

图3-46　室内空间中的悬挂式灯具

(2) 吸顶式灯具

吸顶式灯具一般紧贴顶棚面安装，照明均匀一致，在一些层高偏低的室内空间具有一定的优势。由于其具有密封性好、易于清洁、外观简洁等优点，常用作住宅厨房、卫生间、办公楼走廊、生产车间通道等处的一般照明。吸顶式灯具的外观有圆形、方形、三角形、曲线形等多种几何形状，透光罩有透明、半透明、磨砂三种，透光材料一般由亚克力、玻璃等材料制成（图3-47）。

图3-47　公司前台区域的灯具起到了强调平面功能区的作用

(3) 嵌入式灯具

嵌入式灯具顾名思义就是嵌入到顶棚内的一类灯具，其发光面与顶棚面相平或稍微突出于顶棚面，为各类建筑空间提供一般照明、泛光照明和强调照明。相较于其他类型的灯具，嵌入式灯具在顶棚面上的布置更为灵活，也更易于和顶棚面取得形式上的整体统一（图3-48）。嵌入式灯具适配的光源以白炽灯、LED节能灯、金卤灯和高压钠灯等为主。

图3-48　嵌入式灯具会显得室内界面的整体性更强

(4) 轨道式灯具

轨道式灯具主要由导轨和灯具两部分组成，灯具的位置和光照角度在导轨范围内可以自由调节，是一种高度灵活的照明系统（图3-49）。导轨通常采用电镀防腐铝材制成，既方便安装灯具，又为其提供电源，且灯具可水平、垂直调整转动。导轨既可安装在顶棚表面，又可埋设在顶棚中，还可直接悬挂在顶棚下。轨道式灯具主要用于强调照明和墙泛光照明，为了突出展示物品，一般不用作室内普通采光照明。由于轨道式灯具具有投光精确，光线入射角度、照射范围灵活可调的优点，因此，几乎所有的展示照明都离不开轨道式灯具系统。

轨道式灯具能达到很好的局部区域重点照明的效果，也会使空间内的明暗对比效果更强烈。

图3-49　轨道式灯具

(5) 其他

除了以上提到的几类典型灯具，较为常用的还有如壁灯、落地灯、台灯等室内局部照明灯具，它们在提高室内灯光氛围、改善空间光照层次等方面具有不可替代的作用。

　　壁灯的装饰性很强，这不仅仅是由于灯具本身的风格、造型、色彩和质感，也受到灯光在墙面上的投射形态的影响（图3-50）。壁灯的安装高度应高于视平线，否则易产生直接眩光，对视线产生干扰。同时，壁灯的亮度也不宜超过顶棚主灯的亮度，以免在人的脸部形成不自然的阴影。

图 3-50　光影装饰意味强烈的壁灯

　　落地灯用于特定区域内的局部照明，是对一般照明的补充，灯具本身的造型、尺度和色彩对室内风格的影响很明显，但恰如其分地选配和应用可以有效提升空间品质。传统的落地灯灯罩多采用半透明的织物纤维制成，各种光通分布形式的都有，灯罩以上、下开口形式最为普遍，光源以白炽灯为主。新型落地灯则多采用不锈钢和玻璃的组合形式，光源也更为多样。

　　台灯一般放置在案几、边角几、卧室床头柜等家具台面上，起局部功能性照明和装饰性照明的作用，相较于落地灯，台灯的摆放位置更为灵活，适合多种类型的室内空间使用（图3-51）。

图 3-51　不同类型的台灯和落地灯

当然，除了上述常见的灯具外，光纤、LED 灯具也开始大量运用在室内光环境中，灯光表现手段和形式愈加丰富多样。

总之，对于灯具的使用，需要从整体和局部两个方面加以考虑（图 3-52）。从整体上考虑，就是使室内空间的照度均匀稳定，此时更多要考虑的是灯具设置的高度、灯具之间的间隔，以及光线从灯具中投射出来的方式，因此可以采取有规律的阵列布置方式或发光顶棚的方式来解决。从局部上考虑，则是在某些特定的部位增设灯具，以加强室内特定物品或区域上的照度，以突出和强调空间中的重点。在实际工程中，常通过加设吊灯、射灯或壁灯等灯具来加强某些局部的照度水平，有利于营造空间环境的层次感。

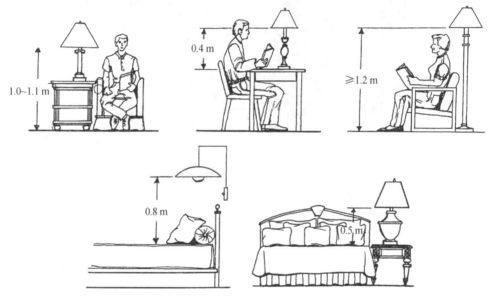

图 3-52　用于局部照明的灯具放置时应降低眩光、冲淡阴影

4．不同类型空间的照明设计

简单来说，所谓照明设计就是让合理的光线落在合适的位置（图 3-53），但是选择和布置合适的灯具是一个相对复杂的过程，涉及空间审美、灯具选配、技术规范等方方面面。专业的设计师首先必须通晓在紧急状况下有关建筑物出口指示照明的规范，此外，照明关系到人的安全和健康，以及市场上不断推出的照明新产品和节能产品都是设计师应关注的重点。以下给出了一些特定室内空间的照明设计指导与建议。

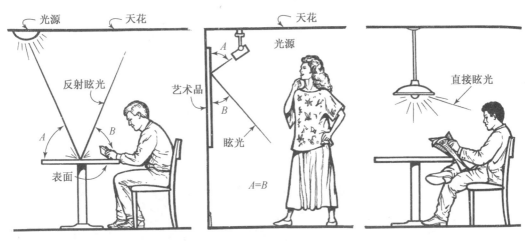

图 3-53 照明设计的优劣直接影响到空间使用功能

各类公共空间的大厅和入口区域，往往有着类似"门面"的特殊地位，其空间的重要性自然不言而喻，它的设计风格，也直接决定了室内设计的整体基调，照明在其中扮演了极为重要的角色。白天，应该考虑让自然光线充分地进入该空间，注重用自然光来塑造整体空间层次，并方便人们从明亮的室外过渡到较暗的室内；晚上，通过人工光来组织交通流线、引导人流，并为重点照明提供一定的背景照度。当然，为了有意凸显这一区域的照明效果，可以用灯光强调陈设艺术品，也可以用灯光强调接待台（图 3-54）。

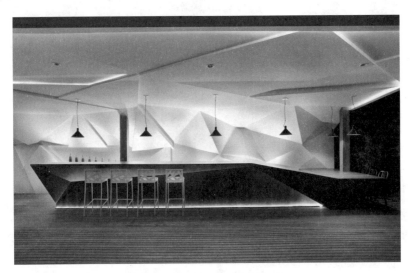

图 3-54 某公司形象吧台的灯光设计

在办公、学习等空间区域，特别需要保证采光柔和、照明充足。使用电脑的地方，来自于上方的灯光应当被恰当地漫射开，以防止眩光、冲淡阴影，此时，采用配备了双抛物面遮光格栅的荧光灯具是一种不错的选择。

对于会议室和餐厅，在其桌面区域周围应得到多功能的照明，以满足不同的功能要求。一般照明提供的背景照度较低，通过调光器控制，可以创造不同的室内气氛，甚至降低到一定程度来满足视听演示的要求。在某些区域，创造性地运用重点照明，可以避免平淡的照明效果，创造视觉兴趣点，这就如同采用烛光来营造浪漫的氛围一样。

　　工作室、厨房、教室等空间，需要安全、高效的一般照明（图3-55）。可以采用诸如吸顶式、嵌入式、吊挂式的灯具来提供照明、消除阴影，必要时可以增设如台灯、射灯等辅助性照明灯具。

图3-55　工作台上方设置吊灯可为办公空间提供良好的重点照明

　　会客和接待室内一般会采用柔和的背景照明，并在局部加以重点照明，有时为了达到这样的效果，往往将间接照明和直接照明两种方式进行组合（图3-56），但需要注意的是，过度的间接照明会失去设计重点，所以应布置精心挑选的便携式灯具来突出空间的视觉焦点。

　　楼梯间需要为安全通道提供一般照明（图3-57），应当保证上下台阶的安全性，可以在楼梯的平台处设置带遮光罩的灯具，避免眩光。走道通常不建议人们长时间停留，因此提供人们通行所需要的基本照度就可以了，当然也可以通过对陈设艺术品的重点照明创造趣味性的效果，以消除单调乏味的空间感。

　　室外的庭院、平台、道路等环境的照明，应考虑室内灯光照明的外延效果，以及与室内照明的自然融合。这些灯具需要有良好的防风、防雨性能，通过外露或者隐藏的安装方式，将灯光投射到墙面、柱子、屋檐、屋顶、雕塑、植被上，以及其他一些景物上，以此来创造丰富的室外景观空间（图3-58）。

图 3-56　采用暗藏式灯具的间接照明可为空间环境提供柔和的光线

图 3-57　室内台阶处的照明设计

室内灯光外延到了室外庭院，户外的暗藏式灯光则强化了建筑外墙面的线条轮廓与肌理质感。

图 3-58　建筑室外空间照明

第四节　室内陈设设计

吴家骅教授在其《环境艺术设计》一书中曾这样写道："在室内设计中，空间是室内设计的灵魂，界面是室内设计的介质，陈设则是室内设计的棋子。"一个优秀的室内设计作品，离不开出色的空间感、优美的界面形态，以及如棋子一般的陈设装点。如果说室内空间、界面构造设计更多地表现为一种硬质装饰工作，我们可以称之为硬装设计，那么后期如家具、灯具、绿化、艺术品等陈设设计则更像是一种软质配饰工作（图 3-59 和图 3-60），我们可以称之为软装设计。软装设计是室内设计中非常重要的一环，特别是在当今这样一个越来越注重空间文化与内涵的时代。

在粗犷的工业风基调室内空间，柔软与温暖的家具带来如雕塑一般的美感。

图 3-59　某公司休憩区

图 3-60　葡萄牙某图书馆内部阅读空间

　　陈设在室内设计中不仅起到装饰作用，它还具有一定的功能。一个室内空间的性质和用途常常是由这些具有实用功能的陈设来确定的。"在中国的传统建筑中，基本上所有房间都是一样的，只是由于其中所放陈设的不同而知其所具的功能。放张床就知道是卧室；放张案几，加上一张八仙桌，再配上几把椅子，中间背景墙上挂一幅画就知道是厅堂；放上几张课桌椅，就成了学堂……"室内的陈设从某种意义上来说也反映出了使用者的个性、品味与精神，如中国古代的文人就常常以松竹、梅兰、菊石来自诩，其书画、诗文、居室陈设亦多反映这类题材。因此，室内陈设的内涵往往超出了美学的范畴而升华为修身、处事、为人的精神与道德层面的准则。

　　室内的陈设品类型多样，按照物品大类，大致可以分为家具类、灯具类、织物类、饰品类、绿化类、标识类等。当然，有些物品如老房子上的木雕、老旧的黑白电视机、泛黄的衣物牛皮箱等，对于空间的使用者来说承载了其特定的历史记忆和人生故事，虽然谈不上有多金贵，却也是无法用金钱来衡量的，是室内空间中最具亮点、价值与意义的陈设物品。在具体的软装设计中，合理地选择和搭配陈设物品，可以取得画龙点睛般的视觉审美效果（图 3-61）；反之，不经选择的陈设物品，虽然数量众多、价格不菲，但最多也不过是简单的物品堆砌，谈不上审美，反而会破坏室内环境的整体风格，甚至造成新的视觉污染。

无论是旧物品改造的灯具还是时尚的家具，都可以成为空间中的点睛之笔。

图 3-61　室内空间中的各类陈设品

1．室内家具

家具起源于人的实际生活需求，从王公贵族到平民百姓，从生活住宅到公共空间，都借助家具来演绎生活和表现生活，从古罗马的别墅室内壁画里，我们已经能够充分地感受到这一点（图 3-62）。多项数据表明，一个人每天在家具上度过的时间已经占到全天时间的 2/3 以上，家具在起居室、办公室等场所的占地面积已经占到室内面积的 40%左右，而在各种餐厅、影剧院等场所，家具的占地面积更大，也正因为如此，家具的造型、色彩、质地对室内空间具有决定性的影响（图 3-63 和图 3-64）。

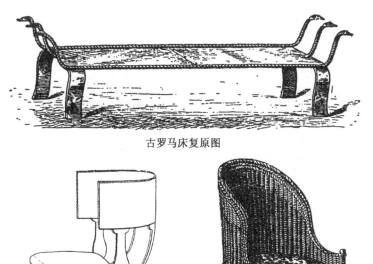

古罗马床复原图

古罗马宝座复原图　　　　　古罗马藤椅复原图

图 3-62　古罗马家具

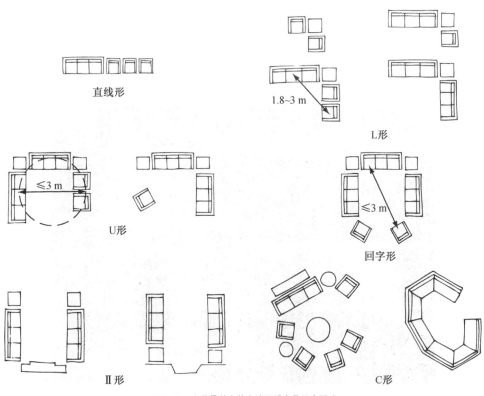

图 3-63　六种最基本的交谈区域家具组合形式

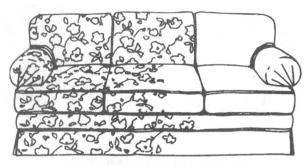

大的或显眼的图案让家具显得大一些

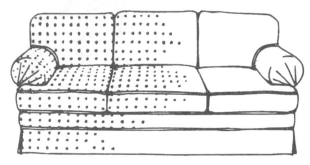

小的图案会使家具尺寸视觉上缩小

图3-64 图案会影响人对家具的心理感受尺寸

　　家具伴随着建筑与室内的发展而不断更新与演变，人体工程学、材料科学的发展，为家具设计与制造提供了有力的技术支持，使其在功能、材料、工艺、结构、造型、色彩及风格上不断推陈致新。这些形形色色、千变万化的家具，为室内设计师在软装设计过程中提供了更多的选择，可以说，家具已经成为室内环境中最为重要的组成部分之一（图3-65）。

图3-65 法国某特色餐厅的家具是这个空间中最大的亮点

一般来说，家具是供人坐、卧、搁、架和从事案头工作所需要的实用家什。在室内空间里，家具应被看作各种空间关系的一种构成成分，它有着特定的空间含义。人们的特定活动要求有特定的空间，而完成特定的行为、动作，则要求有特制的、满足一定功能要求的家具和家具的组合方式。家具既为生活所必需，也以其形象、尺度、质地、色彩、装饰、摆放的位置、呈现的风格与室内空间密切配合，共同参与艺术氛围的营造。一般而言，家具与室内空间的关系是设计师从事室内设计需要着重关心的问题。大致表现在以下几个方面：

首先要关心的是使用功能问题。任何设计都离不开使用者的实际功能需求，设计的切入点往往是从研究人在特定空间中的特定行为入手的。例如在设计酒店的客房空间时，就必须围绕人的起居休息这一主要使用功能，依据酒店的档次和风格，选配成套的家具产品。在设计报告厅时，就必须关心批量化生产，选择材质实用、色彩美观的固定式座椅，以服务于多数人的共同行为。总之，室内空间的不同使用功能决定着不同类型家具的选择，试想如果在政府的办公室或是会客室内，到处布置五颜六色的家具，肯定是不合适的。

其次，家具可以作为室内空间的标志，并显示出本身的属性。换言之，除了使用功能之外，家具本身还具有一定的"标识性"，或者说家具有着自己的"性格"，在不同的场合空间要选用不同规格、造型、风格、色彩、材质的家具。在实际生活中，我们经常能碰到家具和所在空间搭配不协调的情况，比如把家用沙发摆到了大厅的休息区，把就餐椅放入了书房，把中式的置物架放到了现代会议室等。虽然这些家具都具备了各自相应的使用功能，但由于家具的"性格"明显与这些空间的氛围相冲突，使室内空间的属性变得非常模糊，从而极大地影响了整体的空间气氛和形式美感。因此，无论空间如何变化，家具的陈设都必须从室内环境的整体风格入手，建立起家具与空间的一种"对话"关系。家具可以非常"温和"地与空间共处，也可以非常"张扬"地表现自己（图3-66），在空间的不同位置、不同角度，保持着其应有的风格和姿态。一般来说，处理家具和室内环境的关系时，无非就是应用对比和统一两种方式。对比强调家具的"个性"，在色彩、造型、尺度等方面做文章，使之跳出空间的背景基调，活跃室内环境氛围；统一则强调家具与室内环境和谐共处、融为一体。

最后就是家具与室内两个行业在生产方式上的有效整合问题。虽然这两个行业非常相近，也可以说是你中有我、我中有你，但长期以来，两个行业之间的维系方式仍然显得十分落后，在设计衔接上也是问题重重，甚至是阻碍了室内整体空间效果的最终呈现。一方面，家具行业有着好的加工技术和手段，却不能真正主导室内空间实现设计创新；另一方面，室内行业有着好的设计理念和思路，却仍在粗糙的技术与工艺的限制下无法提高。由此看来，消除两个行业之间的壁垒，走"资源整合和共享"之路已经成为行业的发展共识，以实现两者之间资源的有效流动与优势互补。

在这家公司现代感十足的休憩区，别致的家具为人创造了更多交际与互动的机会，公共自行车造型的组合式座椅更是别具创意的一笔，营造了格外轻松活泼的交往氛围。

图 3-66　荷兰某公司休憩区

(1) 家具的分类

家具的分类方法很多，比如可以按照家具的使用功能来分，或者按照家具的制作材料来分（表 3-5），亦或按照家具的结构形式来分等。

表 3-5　以家具的制作材料分类

类别	木质家具	金属家具	塑料家具	皮革或织物包面的软垫家具	柳条、藤条等编织类家具
优点	具有天然的纹理和色泽，质感温和；容易维护；使用寿命较长	造型多样，经过防锈或不易氧化锈蚀处理，可以用于室外庭院中	造型和色彩丰富，可突破常规，可以仿制各种纹理，质量较轻，防水防潮、耐腐蚀	柔软舒适，给人温暖感；织物包面可做成脱卸式，可随季节变换更换，也方便清洗	用天然的材质经过特殊的工艺来编织，肌理和触感舒适，有良好的透气性和弹性，质量较轻
缺点	比较昂贵，怕受潮、虫蛀、腐蚀和受阳光长期照射，加工时不易弯曲	一般比较重，需要进行防锈处理，否则会氧化锈蚀或被腐蚀	部分塑料家具易燃，或在高温下散发有毒气体，在低温或阳光作用下易老化或变脆	无法看见里料，难以进行质量判断；怕受潮，经常清洗包面容易褪色而显得陈旧；长期使用容易因失去弹性而变形	对制作工艺要求较高；编织缝隙容易积灰，打扫不方便；颜色会随时间的流逝而变深
结构与构造特点	板式或框架式可用榫接或螺栓连接	框架式，多用焊接或螺钉铆接	通过发泡、铸模、真空成型、喷射、吹制等工艺制成整体性空间结构	框架为骨架，安置弹簧保证外形和弹性，填充软垫获得充实而有弹性的内心，最后在外面包覆皮革或织物，装饰铜钉、纽扣等配件	金属杆件焊接成骨架，其上包覆柳条、藤条、苔条等纤维
适用场合	不潮湿的室内空间	休闲空间、非正式场合、庭院中	潮湿环境，或追求与众不同的造型的家具	客厅、起居室、卧室等需要营造舒适、温馨氛围的空间	茶室、阳光房等休闲空间、庭院中

(2) 家具的演变与发展

① 中国传统家具的演进

中国传统家具经过数千年的不断演进，形成了多种家具风格，尤其是到了明、清时期，家具的发展更是到达了历史顶峰，为世人所推崇。

在汉朝以前，古人习惯席地而坐，因此，室内基本以低型家具为主，家具造型质朴、粗犷、敦厚，突出实用功能，结构简单明确（图3-67）。到了南北朝时期，由于西北少数民族进入中原，导致长期以来的跪坐形式从席地而坐逐步转变为西域的垂足而坐，由此高足式家具开始兴起，如凳子、架子床、椅子等，室内空间也随之增高。隋唐五代时期，由于垂足而坐成为一种趋势，高型家具迅速发展，并出现了新式高型家具的完整组合。典型的高型家具，如椅、凳、桌等，在上层社会中非常流行，此时的家具，具有高挑、细腻、温雅的特点，以木质家具居多。唐代家具传世者无一，基本只能借助绘画、出土壁画等图像资料及少量出土模型了解唐代家具的陈设情况（图3-68）。

图 3-67　战国时期的案几

画作《调婴图卷》中的大方床

敦煌138窟壁画中的四足床与禅椅

图 3-68　唐代家具

两宋时期是中国家具承前启后的重要发展时期，垂足而坐的高型家具得到了普及，成为人们起居用家具的主要形式，低型家具逐步退出历史舞台。与之前相比，宋代家具种类更多，各类高形家具基本定型，有床、桌、椅、凳、高几、长案、柜、衣架、屏风、巾架、曲足盆架、镜台等，有的家具上面还有雕刻的饰件，从品类到形制都不断完善和演进。宋代的家具在形式上已经具备了明代家具的各种类型，为中国古典家具在明、清两代达到鼎盛打下了基础。一般认为，宋代家具从以下三个方面脱颖而出：一是开始仿效建筑梁柱木架的构造方法；二是开始重视木质材料的造型功能，出现了硬木家具制造工艺；三是注重桌椅成套配置与日常起居相适应（图3-69和图3-70）。

图3-69　宋徽宗赵佶《听琴图》中的承具、桌和椅

图3-70　南宋刘松年《罗汉图》中的三折屏风

明、清两代是家具发展的高峰期，中国古典家具式样正式定型成熟。明式家具一方面得益于郑和下西洋之后，大量东南亚地区的优质木材源源不断地输入中国；另一方面木工工具和木工技术已经发展到了很高的水平，出现了大量如《鲁班经》《髹饰录》等木作工程技术的著作，这些因素都有力地推动了明代家具的大发展。明式家具造型简洁、稳重大方、比例适度、线条挺秀，家具结构科学，家具用材讲究、木纹优美、色泽

雅致，充分展现了木材的自然之美（图 3-71），家具种类名目繁多，且品种丰富之程度
前所未有，如架子床、木榻、灯挂椅、翘头案、四件柜、矮橱等。到了清代，家具在结
构和造型上继承了明式家具的传统，出现了组合柜、可折叠与拆装桌椅等新式家具。在装
饰上，更加追求华丽气派的效果，采用镶嵌、彩绘、堆漆、雕镂等多种手法（图 3-72），
以及使用象牙、玉石、陶瓷、螺钿等多种材料，对家具进行不厌其烦的装饰。清式家具
以苏式、广式和京式为代表，苏式家具以江浙为制造中心，风格秀丽精巧；广式家具以
广东为制造中心，广泛吸收了海外制造工艺，表现手法多样，富丽凝重；京式家具以北
京为制造中心，造型表现皇家的威严与华丽。

黄花梨四出头官帽椅

黄花梨月洞式门罩架子床

紫檀独板围子罗汉床

图 3-71　明代家具

清早期黄花梨两屉供桌

清乾隆紫檀嵌冰梅纹炕桌

清中期红木圈椅

图 3-72　清代家具

② 国外家具的演进

　　古埃及、古希腊和古罗马都有着灿烂的古代文明，建筑和室内设计也达到了古代世
界很高的发展水平，相应地，它们的家具发展也有着十分悠久的历史，对后来整个欧洲
大陆的家具演进都起到了引领的作用。

　　古埃及的家具在艺术造型与工艺技术上都达到了很高的水平，造型以对称为基础，
比例合理，外观富丽堂皇而威严，装饰手法丰富，雕刻技艺高超（图 3-73）。桌、椅、
床的腿常雕成兽腿、牛蹄、狮爪、鸭嘴等形象。装饰纹样多取材于尼罗河两岸常见的莲
花、芦苇、鹰、羊、蛇、甲虫等形象。家具的木工技艺也达到一定的水平，已出现较完
善的榫接合结构，镶嵌技术也相当熟练。家具装饰色彩与古埃及的壁画一样，除金、

银、象牙、宝石的本色外，在家具表面多涂以红、黄、绿、棕、黑、白等色。

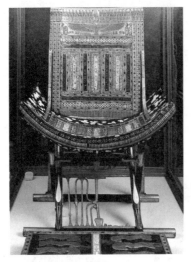 

古埃及的礼仪宝座　　　　　　　法老的黄金座椅

图 3-73　古埃及的家具

　　古希腊是欧洲文化的摇篮，其艺术和建筑更成为欧洲的基础和典范。古希腊家具也是欧洲古典家具的源头之一，它具有简洁、实用、典雅等众多优点，体现了功能与形式的统一，线条流畅，造型轻巧，为后世所推崇（图 3-74）。座椅的造型呈现曲线优美的自由活泼之势，家具的腿部常采用建筑的柱式造型，使用旋木技术，推进了家具艺术的发展。然而，繁荣的古希腊没有留下一件家具实物。

古希腊浅浮雕　　　　　　　克利斯莫斯椅复制品

　　古希腊浅浮雕显示了一个贵妇人坐在一把新颖的希腊式椅子上，这种椅子被称为克利斯莫斯椅。克利斯莫斯椅是希腊家具中最杰出的成就，该靠椅线条极其优美，这种线条从力学角度看是很科学的，同时从舒适的角度看也是非常优秀的，它和早期的希腊及埃及家具的那种僵直的线条形成了强烈的对比。无论在任何地方只要有一件受希腊风格影响的家具存在，那么它一定是这种优美线条的再现。

图 3-74　古希腊的家具

古希腊晚期的家具成就由古罗马直接继承，古罗马人把它向前大大推进，达到了奴隶制时代家具艺术的巅峰。古罗马家具的造型受到了罗马建筑造型的直接影响，坚厚凝重，以战马、雄狮和胜利花环等为装饰与雕塑题材，构成了古罗马家具的男性艺术风格（图3-75）。当时的家具除使用青铜和石材，木材也被大量使用，桌、椅、灯台及灯具的艺术造型与雕刻、镶嵌装饰都达到了很高的技艺水平。

图 3-75　古罗马的家具

拜占庭家具风格基本上还是沿袭了古希腊和古罗马的式样，同时也受波斯等东方国家风格的影响。现存的最著名的拜占庭家具是公元六世纪制作的马克西米那斯主教座椅（图3-76），该座椅的造型是典型的僵直的中世纪风格，人物形象是基督和圣徒，而植物的纹样显然是东方式的。这件家具反映了象牙雕刻术在拜占庭手工艺中所占的重要地位。除了象牙雕刻，旋木技术在拜占庭家具中也十分重要。公元六世纪，丝织业开始兴盛，这对于家具的软装饰及室内的壁挂等陈设，都有显著的影响。

图 3-76　拜占庭时期的马克西米那斯主教宝座

公元二世纪后半叶，哥特式建筑在西欧以法国为中心兴起，而扩展到欧洲各基督教国家，受到哥特式建筑的影响，哥特式家具同样采用尖顶、尖拱、细柱、垂饰罩、浅雕或透雕的镶板装饰，刚直、挺拔的外形与建筑形象相呼应，尤其是哥特式椅子更是与整个教堂建筑的室内装饰风格相一致（图3-77）。

文艺复兴时代的建筑、家具、绘画、雕刻等文化艺术领域都进入了一个崭新的阶段，众星灿烂，大师辈出（图3-78）。

以一个典型的箱子为基础，通过延伸到扶手和附加靠背完成整个设计。

图 3-77　十五世纪晚期哥特式座椅

该绘画作品描绘的是正在钻研的圣奥古斯丁，从这幅绘画作品中我们可以看到这一时期的典型家具风格（绘于 1502 年）。

图 3-78　文艺复兴时期的家具

自十五世纪后期起，意大利的家具艺术开始吸收古代建筑造型的精华，以新的表现手法将古希腊、古罗马建筑上的檐板、半柱、女神柱、拱券及其他细部形式移植到家具上作为家具的造型与装饰艺术，如以贮藏家具的箱柜为例，它是由装饰檐板、半柱和台座等建筑构件的形式密切结合成的家具结构体，这种由建筑和雕刻转化到家具的造型装饰与结构，是家具制作工艺的要素与建筑装饰艺术的完美结合，表现了建筑与家具在风格上的统一与和谐。文艺复兴后期的家具装饰的最大特点是灰泥石膏浮雕装饰，做工精细，常在浮雕上加以贴金和彩绘处理（图3-79）。文艺复兴时期的家具的主要成就是在结构与造型的改进并与建筑、雕刻装饰艺术结合，可以说，文艺复兴时期的家具主要是一场装饰形式上的革命，而不是整体设计思想和工艺技术上的革命，真正意义上的家具革命是发生在300年以后的欧洲工业革命时期，现代派家具开始登上历史舞台。

佛罗伦萨斯特洛奇宫内的　　　藏于米兰乐器博物馆内的意大利古钢琴
小型便携式椅

图3-79　文艺复兴后期的家具

a. 巴洛克风格

"巴洛克"一词含有扭曲、不规则、怪诞之意，早期巴洛克家具最主要的特征是用扭曲的腿部来代替方形的腿，这种形式打破了家具给人的一种稳定感，家具变得优雅、热情、奔放、动感起来。而这种带有夸张效果的运动感，非常符合当时宫廷贵族的审美趣味，因而很快就风靡了整个欧洲。

巴洛克家具最大的特色就是将富于表现力的细部相对集中，简化不必要的部分而服从于整体结构，从而强化了造型的和谐与统一。细部做大面积的雕刻，采用金箔贴面，装饰花样繁多，以描金线处理，这些都使得巴洛克家具成为贵族化式样的象征（图3-80）。

巴洛克风格的橱柜

巴洛克风格的画框

图 3-80　巴洛克家具

b. 洛可可风格

洛可可风格是在巴洛克风格的基础上发展而来的，与巴洛克追求动感、豪华的风格不同，洛可可追求纤巧的秀雅之美，将家具优美的艺术造型与舒适的功能巧妙地结合在一起。它运用流畅自如的波浪曲线来处理家具外形与室内装饰的关系，在强调功能、舒适的同时，追求更加柔婉、优雅、瑰丽的艺术效果，它故意破坏了古典形式美中所强调的对称和均衡，突出轻盈的动感（图 3-81 和图 3-82）。但这种风格发展到后期，由于在形态上过度追求曲线的扭曲及纹样装饰比例上的失调，逐步走向了形式上的极端而最终渐渐没落了。

该客厅是有着典型洛可可装饰和色彩风格的室内空间。

图 3-81　巴黎朗贝尔公馆大客厅

德国洛可可风格的大衣柜

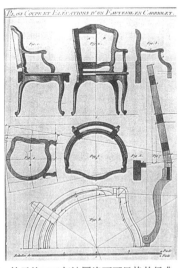

始于约1750年法国洛可可风格的经典
法国座椅的建造细部

大衣柜上用来装饰门的绘画展现了四季景色，画的周围有花饰。

图 3-82　洛可可风格的家具

c. 新古典主义风格

当人们厌倦了弯曲华丽的洛可可式家具，重视比例、追求均衡、采用直线的新古典主义风格开始引起人们的兴趣。这类家具的特点是完全抛弃曲线结构和虚假装饰，以直线为造型基调，追求家具结构的合理性和简洁性，因此在功能上更加强调结构的逻辑和力量，寻求一种明晰、稳定、严谨、轻巧的理性美感。在家具的装饰上，新古典主义风格采用规整的植物纹样图案，并偏好选择自然、明亮的色彩（图 3-83）。

这是王后的卧室，墙面是简洁的镶板，色彩清淡，有一扇门式窗可欣赏花园景色，家具是新古典主义风格的。

图 3-83　法国凡尔赛小特里阿农宫

d. 以工艺美术运动为代表的家具风格

这一时期，以莫里斯为代表的一批艺术家与建筑师发起了工艺美术运动，他们竭力倡导艺术家与工程师相结合的发展路线，有力推动了一系列的现代设计运动。工艺美术运动反映在家具上，就是以表现自然形态的美作为其主要装饰风格，无论是家具造型还是细部纹样，都使家具有像生命一样的活力（图 3-84 和图 3-85）。

该住宅客厅内有莫里斯设计的地毯和家具。

图 3-84　英国斯坦登住宅

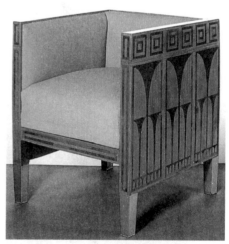

约瑟夫·霍夫曼设计的弯木莫里斯椅　　　　科罗·莫泽尔设计的扶手椅

图 3-85　工艺美术运动时期的家具设计

e. 北欧简约风格

地处北欧的五个国家（瑞典、丹麦、挪威、芬兰、冰岛），由于具有独特的地理位置、气候环境、资源禀赋及文化艺术传统，因而在家具设计领域至今仍保持着极为鲜明的个性与特色，以"宜家"为代表的北欧品牌在中国已是家喻户晓。这种风格质朴、亲切与精良，其中最为著名的是家具的弯木生产工艺，其使用天然的材料及明亮的色彩，让作品充满了温暖的人情味（图3-86）。

图 3-86　芬兰杰出的设计师阿尔瓦·阿尔托设计的压层胶合板椅

f. 现代主义风格

进入二十世纪，众多家具设计的流派不断涌现，其中最具影响力的流派主要有风格派、包豪斯学派、国际风格等。

风格派的作品大多以方块为基础，色彩只用红、黄、蓝三色，在确实需要时才加入黑、白、灰作为对比。风格派最具代表性的作品是里特维尔德于 1917 年设计的"红蓝椅"（图3-87），此外他还设计了著名的"Z形椅"，造型和结构都极其简洁明了，而且便于大工业批量化生产。包豪斯学派与包豪斯学院有着紧密的联系，其代表性作品有马赛·布劳耶设计的"瓦西里椅"和"赛斯卡椅"，这两件家具堪称现代家具的典范（图3-88）。

图 3-87　荷兰风格派代表人物里特维尔德设计的施罗德住宅及著名的"红蓝椅"

瓦西里椅

赛斯卡椅

图 3-88　布劳耶设计的两款经典椅子

　　国际风格是由风格派和包豪斯派付诸实践而形成的，其代表性作品有勒·柯布西耶设计的靠背扶手椅，以及密斯·凡·德·罗于 1929 年为巴塞罗那世博会德国馆所设计的"巴塞罗那椅"（图 3-89 和图 3-90）。在此后的若干年，随着新材料、新工艺的突飞猛进，特别是玻璃钢、塑料等的出现，大量全新概念的各式家具开始涌现，现代家具正式走向高速发展时期，形成了著名的后现代家具风格（图 3-91）。

钢管躺椅　　　　　　　　　　　　钢管单人沙发

图 3-89　柯布西耶设计的两款经典椅子

钢管椅　　　　　　　　　　　　巴塞罗那椅

图 3-90　密斯设计的两款经典椅子

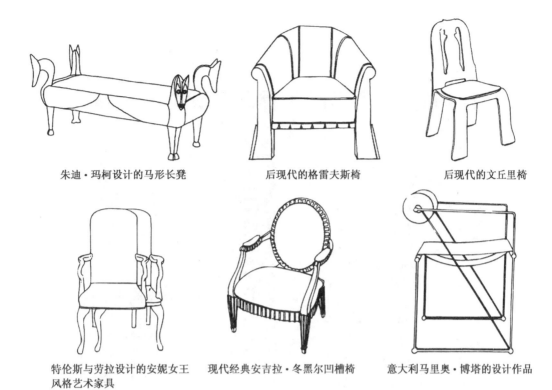

朱迪·玛柯设计的马形长凳　　　　后现代的格雷夫斯椅　　　　后现代的文丘里椅

特伦斯与劳拉设计的安妮女王　　　现代经典安吉拉·冬黑尔凹槽椅　　意大利马里奥·博塔的设计作品
风格艺术家具

图 3-91　著名的后现代风格家具

2．室内灯具

灯具已在本章第三节做过相关介绍，这里就不再赘述了。

3．室内装饰品

　　装饰品是室内陈设设计中的重要组成部分，是室内设计在空间和界面完成之后点缀室内环境的关键元素，也是对室内设计的空间氛围的进一步补充和完善。由于所处环境的地域差异，装饰品的选配效果会有比较大的区别，比如国家与国家之间、地区与地区之间，都会存在很大的差异。随着时代的发展，人们审美意识的不断提高，室内装饰品的选配也已经从过去的无关紧要、随意搭配，到如今的找专业软装公司、软装设计师来选配，这使得室内装饰品市场的发展也日趋成熟。与此同时，受到国家大环境的影响，室内硬装市场特别是家装市场的萎缩，也促使许多公司、设计师开始转战软装行业。相信在不久的将来，软装设计将会越来越显示出其在整个室内设计行业中举足轻重的地位。

　　不同于家具、灯具或绿化都是在实用的基础上突出其艺术性，装饰品则更多的是在突出其艺术性的基础上显示一定的实用性，例如雕塑品的大小、手感、色泽等。它们不仅会影响到空间的使用，也会影响空间的流线和视线的通过，以及环境的舒适度等实际应用效果，它们的选配和布置甚至会决定一个空间设计的成败（图 3-92）。

图 3-92　美国波特兰州立大学商学院主楼中庭内的雕塑

（1）装饰品对空间感的调节

理想的室内空间并不是平铺直叙的，而是有转折、起伏和变化的，是秩序感和节奏感的完美统一。在现实的室内空间中，由于受到许多实际因素，如空间层高、开间、进深等问题的制约，因而需要通过对某些物品的调整和安放来达到理想的空间效果，而装饰品的许多特征决定了它是理想的选项之一，其对室内空间感的调节具体有以下几方面的作用。

① 柔化空间关系

柔化空间关系表现在装饰品对室内空间的柔化作用，使空间与空间之间、物品与物品之间产生自然有机的过渡。因为往往在硬质装修工程完工后，由于室内材料、设备、构造等物件传递出生硬、冰冷、机械的感觉，这时，恰如其分地选配一些装饰品就可以很好地点缀和柔化空间线条，营造出良好的环境氛围（图 3-93）。

② 强化空间属性

为了使室内空间表现出独特的风格和个性，硬装当然是一个重要的方面，但有时考虑到成本投入过大、施工周期拉长等问题，在软装上下点功夫往往是更好的选择，一件艺术雕塑摆件、一幅个性鲜明的装饰画，就能给空间带来强烈的标签属性（图 3-94）。

③ 突出空间主体

任何一个室内空间都是由几个界面构成的，但不能否认的是每个空间都有其自身的主体部分，处理好空间界面的主次关系非常重要，而往往这个主体部分的处理可以通过装饰品的应用来完成。

原本大面积灰色的墙面与地面显得冰冷生硬，加入了色彩丰富的地毯、家具、壁画等陈设品之后，空间的线条与情感瞬间被软化了。

图 3-93　澳洲某别墅室内空间

图 3-94　法国某企业大楼中厅雕塑强化了高耸的中厅空间属性

(2) 装饰品对空间的划分

根据不同的需求，可以采用墙体、隔断、屏风、家具、装饰品等多种形式对室内空间进行划分，而装饰品的特性使其在空间划分中处于辅助角色，一般它只在由墙体或者高隔断所围合起来的空间内实行二次划分。划分空间的形式也基本集中表现在虚拟空间、流动空间和弹性空间上，比如在入口门厅的位置摆放一个装饰品以分隔门厅和其他室内空间。

（3）装饰品对空间意境的营造

室内设计是研究室内空间与环境的艺术，而艺术之所以成为艺术，重要的原因之一是悦人，艺术的美给人带来精神层面上的满足感，从而达到愉悦的境地。装饰品作为室内艺术表现的重要载体，本身具有很强的装饰性，使其成为室内情感的化身与渲染器。一件古民居上的牛腿摆件就能轻易成为背景墙面的亮点；一根苍劲有力的枯木也能成为空间的焦点；一台老旧的电话机则能立刻把人的思绪带回过去（图3-95）；更不用说绘画、雕塑这些浑身上下都散发着情感的艺术品了。

图 3-95　充满怀旧感的装饰品与充满质朴感的家具是完美的一对

总之，装饰品的陈设设计和室内设计的成败休戚相关，在室内环境中，其虽处于从属地位，但对室内环境和氛围的影响是不可忽视的。室内空间会因一件装饰品而满屋生辉，同样也会因它而成为失败之作，装饰品对于室内空间来说绝对不是可有可无的，它带给人的不仅仅是感观上的感受，更是一种情感上的联想，它在室内的意义又超越了单纯美的含义，成为人们精神和观念的反映。

4．室内绿化

在人类的天性中，就有着亲近自然的情感，从古人"采菊东篱下，悠然见南山"的诗词中，从《桃花源记》对于世外桃源生活的向往中，以及从"师法自然"的江南古典园林的造园意境中，都可以清晰地看到这一点。所以人们总是在想尽一切办法，尽可能利用一切技术手段，将自然最大限度地引入室内空间，从赖特的流水别墅到密斯的范斯沃斯住宅，都在当时的技术条件下做出了最大可能的尝试。

绿色植物作为自然物的主要代表，被广泛地应用于各种类型的室内环境中。从居室书架上垂挂而下的水培绿萝，到会议室墙角边的凤尾竹，或是洽谈室沙发旁的一盆多肉植物，都给室内空间带来了蓬勃的自然生机。如今，随着植物培植技术的发展，垂直绿化、屋面绿化等新型绿化形式也被广泛应用于现代建筑与室内空间（图3-96）。因此，如何进行室内绿化的设计和选配，已经成为现代室内设计中一个非常重要的方面。

图3-96　充满了各种创意的绿色点缀手段的室内空间

(1) 室内绿化的作用

植物在室内设计中的作用是不言而喻的，不论其形、色、质、味，或其花果、枝叶，所显示出的勃勃生机及它们的形态、色彩与质感，都能起到柔化室内空间、调节室内气氛的作用。同时，绿色植物还通过自身的光合作用，释放氧气，吸收有害气体，以起到净化室内空气、调节空气干湿度的作用。此外，绿植经过恰当的布置，还可以起到组织空间、划分空间和引导空间的作用。

(2) 室内绿化的配置

室内绿化的应用和配置，根据空间所处的场所和地域的不同而有所变化，如卧室中的绿化配置形式和酒店大堂内的绿化配置形式会有很大的不同，此外，也会根据不同的任务和目的，对室内绿化采取不同的配置方式。总而言之，在设计时我们应根据不同的空间属性和部位，选择相应的植物类型，从平面和立体两方面来考虑它们的布置，以充分发挥植物的陈设作用（图3-97）。

① 重点装饰与边角点缀

将室内绿化布置在空间的中央或者主要立面，让植物的形、色等特有的视觉审美来成为室内空间的焦点，比如在圆桌会议的中心、报告厅主席台的前后、过道尽端中央等处。边角点缀的布置方式更为多样和灵活，常常起到充实和烘托空间的作用，比如墙柱边、过道边、家具旁等部位。这种方式如果处理得当，完全可以起到画龙点睛般的空间效果。

在现代感的办公室之外，是一面典雅的砖砌拱形大门门洞，质朴的红色砖墙上爬满了开紫色花的藤蔓植物，一股清新优雅的英伦格调之风迎面扑来。

图 3-97 英国某公司主入口

② 垂直绿化

传统的垂直绿化通常采用顶棚上悬吊的方式，在墙面支架或凸出花台，或利用室内顶部设置吊柜、搁板等方式布置绿化。这种方式的优点是可以充分利用空间，不占地面空间而形成绿色立体环境。近些年来，室内墙面垂直绿化发展迅速，特别是在一些创意科技型公司的室内办公环境中应用非常普遍，为平时忙碌的上班族们提供了一处放松与休憩的小空间（图 3-98）。

图 3-98 室内墙面垂直绿化为室内环境带来勃勃生机

③ 结合家具、陈设品布置绿化

室内绿化除了可以单独或成片布置外，也可以与家具、灯具、装饰品等陈设物结合布置，它们之间可以相互衬托，并收到相得益彰的陈设效果，从而形成一个有机的空间整体（图3-99）。

图 3-99 吧台桌结合绿植的设计

④ 沿窗布置绿化

靠近窗户、阳台等部位布置绿化，可以使植物接受良好的光照和通风，也使得室内与室外空间的过渡更为自然，从而增添空间的审美趣味。

总之，室内绿化是现代室内设计中不可或缺的一部分，设计师不能忘记人始终是大自然的一部分，人需要有舒适安全的室内环境，同时人也有着亲近自然的天性。

第五节　案例分析与解读——湖州某排屋室内空间设计

➢ 项目概述

本排屋室内设计项目位于浙江省湖州市太湖边的某别墅地块，拥有绝佳的涵山、藏湖的生态自然景观。地块总占地面积约 156 800 m²，总建筑面积约为 111 650 m²，包括独栋、联排、双拼等建筑形式。建筑风格融合了西班牙的地中海风格与美国的南加州风格，纯手工抹制的 STUCCO 外墙、排列有序的拉法基彩瓦、粗犷而典雅的贴面文化石，以及纤细而轻盈的铁艺装饰，使建筑群整体显得更为稳重而质朴（图3-100）。

本排屋地下一层，地面以上三层，总建筑面积约为 456 m²（图3-101），此外还包括南、北两个庭院空间。

图 3-100　项目建筑外观及周边环境现场照片

图 3-101　项目原始室内现场照片

> **设计要求**

本设计项目的委托客户为湖州某单位职员夫妻，家庭成员还包括一对男孩，大孩子11 周岁，目前在上小学，小孩子 4 周岁，目前在上幼儿园。双方老人偶尔会来探访并临时短住，因此要求为老人保留一个卧室。在室内设计的风格定位上，地下室及二、三层以简单的美式风格为主，一层则以较为传统的中式风格为主，整个装修工程造价预算控制在 150 万以内。对于每一楼层的具体空间功能安排，大致明确了以下几点意向：

① 地下室：会客空间、工作空间（带工作台）、休闲空间。

② 一层：客厅、餐厅、厨房、会客书房。

③ 二层：两个孩卧（其中一个带走入式衣柜和内卫）、老人房。

④ 三层：主卧（带走入式衣柜和内卫）、书房兼储物间、盥洗阳光房。

此外，地下室要求安装新风系统，在材料的选择上应特别考虑防潮性，一层、二层、三层安装中央空调，在材料的选择上应特别考虑环保性。

> **设计要点**

排屋和别墅类的室内空间设计，不同于普通平层的住宅空间设计，其特点主要表现在以下几个方面：

① 排屋和别墅一般都带有前后庭院，室内设计应充分注重和户外景观的联系，形成室内外空间的景观渗透性。

② 室内设计应尽可能避免对原有建筑外立面的破坏，以防使原有的建筑设计意图被弱化，带来与周边建筑及景观不协调的问题。

③ 地下室空间相对密闭且潮湿，所以要特别做好空间通风和防潮上的设计考量，比如增设新风系统，施工上做好防水和防潮处理，尽量选择防潮型装饰材料等。

④ 排屋和别墅的楼层较多，因此，特别要做好每一楼层空间的规划与布置，以免给后期的使用带来不便。

⑤ 排屋和别墅的室内空间相对较大，设计可发挥的余地也相对较大，所以在设计上要脱离传统的住宅概念，切忌过分追求"高效利用每一寸空间"的思路，将每个空间都塞得满满当当，从而失去了空间原本的价值和意义。

⑥ 除了传统的电视、电脑、音箱设备等之外，还要重视中央空调系统、中央新风系统、家庭地热系统、中央控制系统、远程监控及家庭安保系统、遥控系统、洁净水系统等科技产品的应用，以创造更为舒适和安全的居住环境。

> **图解构思**

室内各楼层平面功能分析与推敲，如图 3-102 ~ 图 3-105 所示。

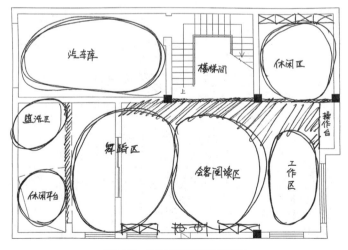

图 3-102　地下室功能分区构思草图

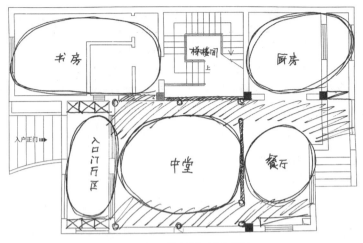

图 3-103　一层功能分区构思草图

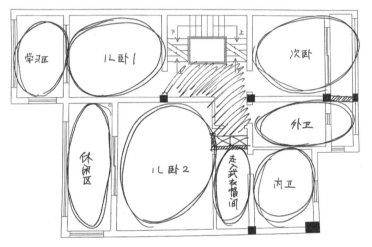

图 3-104　二层功能分区构思草图

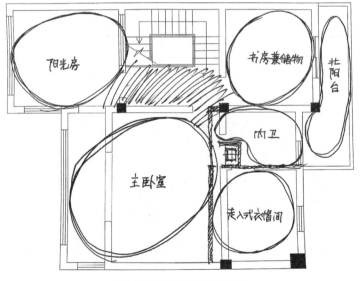

图 3-105　三层功能分区构思草图

➢ **概念草案**

在这个阶段，若干"设计意向"已经在头脑中剧烈冲撞，设计师需要选取一个能准确表达概念的物化形象，逐步形成构思草图（图3-106）。

图 3-106　空间构思草图

➢ **平面功能确定与重点空间效果表现**

在与客户充分沟通的基础上，确定室内各楼层最终的平面布置方案，如图3-107 ～ 图3-110。

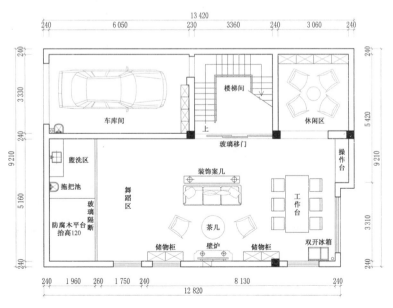

图 3-107　地下室平面布置方案

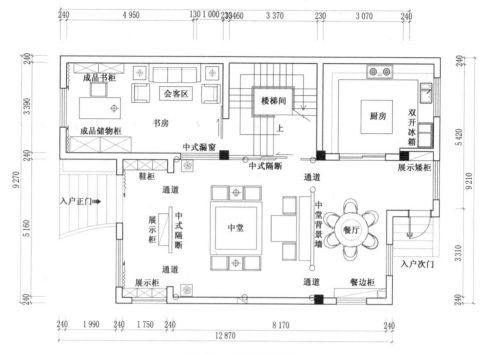

图 3-108　一层平面布置方案

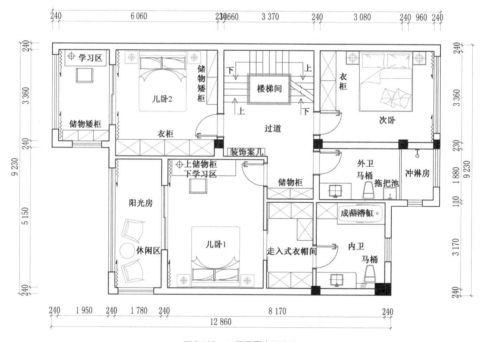

图 3-109　二层平面布置方案

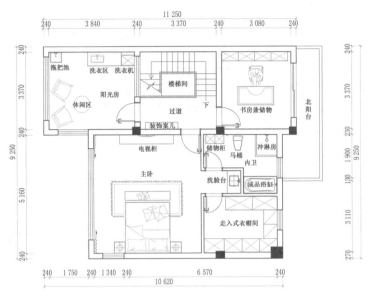

图 3-110　三层平面布置方案

> **部分设计效果图**

平面方案确定后，为了在后续设计过程中能与客户有更深入细致的沟通，使用 3DS MAX 和 SketchUp 等软件完成每一层楼的三维效果表现，如图 3-111～图 3-115 所示。

图 3-111　一层客餐厅设计效果

图 3-112　地下室整体设计效果

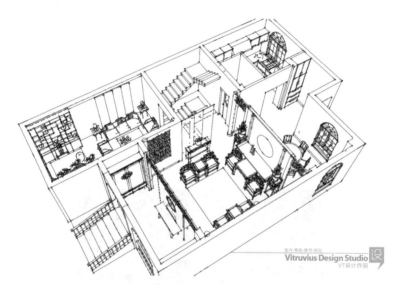

图 3-113　一层整体设计效果

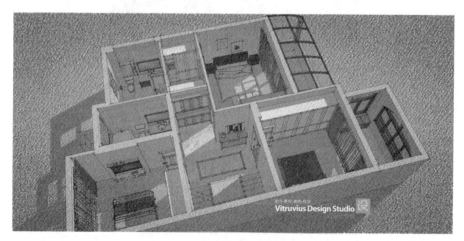

图 3-114　二层整体设计效果

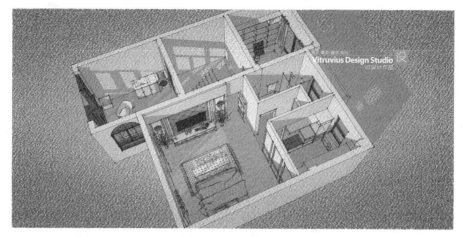

图 3-115　三层整体设计效果

➤ 方案施工图深化设计 （部分图纸）

方案取得客户的最终确认后，完成整套施工图的深化设计，如图 3-116 ～ 图 3-120
所示。

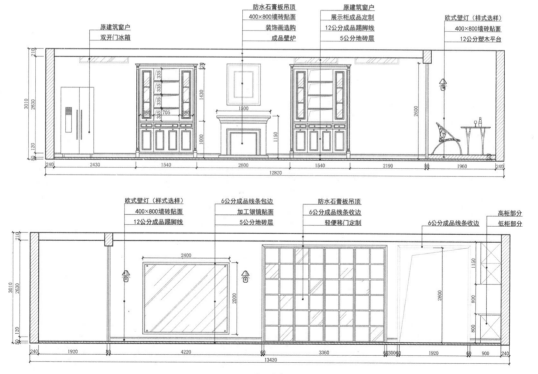

图 3-116　地下室部分立面图

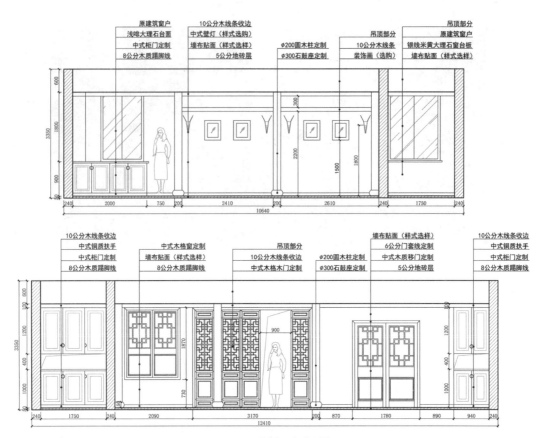

图 3-117 一层客餐厅部分立面图

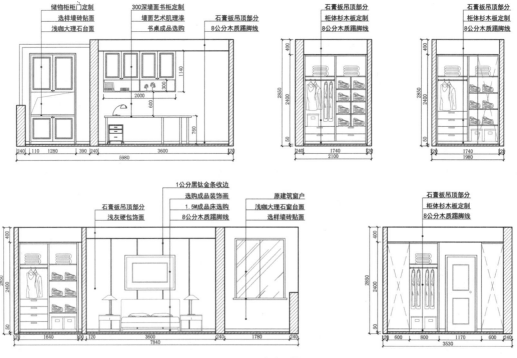

图 3-118 二层部分立面图

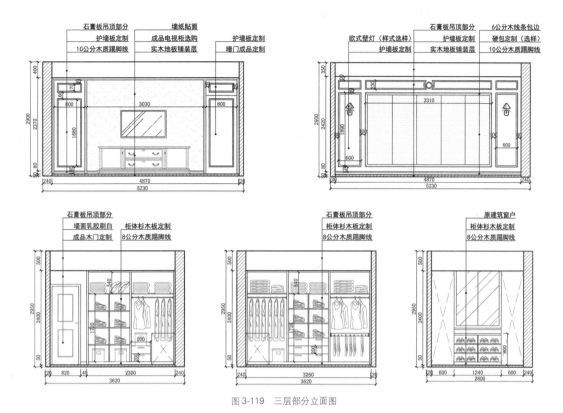

图 3-119　三层部分立面图

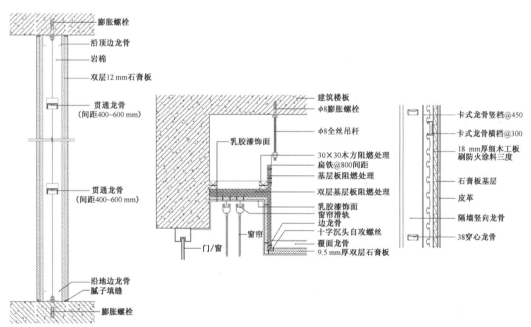

图 3-120　部分节点大样图

➢ 方案交底与施工对接

对整个设计项目来说，方案施工图纸的完成仅仅是工程开始的第一步，对于设计师来说，更为艰难的挑战还在后面。现场施工可谓是对方案图纸的一次全面性检验，一个设计项目的成功与否，在很大程度上依赖于能否精准按图施工，或者更为严格地说，能否按照方案效果图来实现，包括尺度、材料、灯光、色彩、软装等多个层面。试想，如果效果图看上去是一幅精美绝伦的空间景象，而施工真正完成后却又是另一番空间景象，我们能说这个设计是成功的吗？至少从施工层面反馈的信息来看，最初的方案存在落地上的困难。这种困难可能是施工技术上的原因，比如材料选择不合理，设计尺寸不合理，某些界面造型施工难度过大，构造与设备无法有效衔接等；或者是工程造价上的原因，比如施工进行过半时，由于频繁调整材料品牌，客户发现预算严重超标了，从而不得不临时更改局部的设计方案；也可能是客户临时又改变方案了，比如听取了周围人的多种意见，包括材料商、设备商等，思来想去还是打算调整原方案。

由于本项目是委托设计，设计和施工是两家不同的单位，因此现场的技术交底与施工对接就显得十分重要。一般来说，需要客户、设计师、项目经理等三方在场，当然有些较大的工程，可能还会有监理方，以保证设计与施工的有效衔接与质量。技术交底的目的是让施工方明确设计方案，包括设计风格、空间色彩、设计尺寸、装饰材料、构造形式、细部做法及设施设备等方面，并提出相应的施工技术实现手段，与设计师共同协商解决可能存在的施工难点，以最大可能取得艺术与技术之间的平衡。当然，这个过程也是让客户在设计师与项目经理的共同合作中，进一步明确设计方案的过程，有利于为客户进一步树立设计信心，消除施工忧虑，构建方案愿景。

➢ 施工跟踪与技术协调

施工跟踪与技术协调能力是评价一个设计师成熟度的重要指标，任何一个设计项目，无论前面的工作做得有多具体与完善，所做的方案有多完美与细致，所绘的图纸有多规范与准确，一旦进入具体的施工过程就会或多或少地出现问题。因此，对于出现的这些问题，设计师必须积极面对，与施工人员、设备技术人员密切沟通与合作，努力协调设计与施工衔接过程中的各类矛盾，共同解决与克服技术难题，最终为客户最大可能地实现方案设计初衷。事实上，随着施工工程的推进，设计师一些更好、更新的想法也可能会随之出现，所以本着为客户创造更舒适和理想的室内环境的理念，在不会增加大额预算的前提下，对原方案做出适当的优化变更是完全可以理解的，但前提是必须和客户达成良好的设计变更共识。

设计师在施工跟踪过程中，可以用照片、视频、草图等方式做好常规性的记录工作，一旦发现与图纸有出入的地方，应及时与施工方沟通协调（图 3-121）。在有些情况下，特别是涉及空间审美层面的问题，比如不同界面之间、材料之间的收口，材料的拼接形式与拼缝处理，材料的色彩与质感等，更需要设计师付出极大的耐心与坚持，如此才能收获满意的设计作品。

图 3-121　项目施工跟踪照片

 项目训练三　别墅室内空间初步方案设计

【实训目的】

通过接触实际的设计项目，掌握较为复杂的别墅室内空间的一般设计流程与方法。从拿到项目原始图纸开始，并在明确甲方具体设计要求的基础上，从空间功能分析入手，到逐步方案成形，以至实现快速方案表现，培养学习者完成初步方案的能力。

【实训要求】

① 完成平面功能分析草图。

② 完成重点空间方案构思草图。

③ 完成平面功能布置图及主要立面图。

④ 完成重点空间的透视效果图，手绘或者电脑表现都可。

【项目概况及设计要求】

（1）项目概况

本别墅室内设计项目位于浙江省湖州市南浔区，与江蒋漾公园紧密相连，由湖州鑫源建设管理有限公司投资、湖州丰茂置业有限公司开发，规划了别墅、排屋、平层公馆、空中别墅等多样的住宅类型。

本案别墅地下一层，地上三层，总建筑面积约为 485 m²（图 3-122 ~ 图 3-126）。

（2）设计要求

本设计项目的委托客户为湖州某电梯企业的董事长，家庭成员还包括全职在家的妻子及刚参加工作不久的儿子、儿媳共四人，将来还要考虑孙辈出生。在室内设计的风格定位上，以中式风格为主，整个装修工程造价预算控制在 250 万以内。对于每一楼层的具体空间功能安排，大致明确了以下几点意向：

① 负一层：休闲茶吧、保姆房、影视厅及卫生间。

② 一层：客厅、餐厅、厨房、卫生间。

③ 二层：两个带卫生间和衣帽间的卧室。

④ 三层：带卫生间、衣帽间和书房的主卧室，阳光房和休闲阳台。

此外，地下室要求安装新风系统，所有楼层考虑安装中央空调，在材料的选择上应特别考虑环保性。

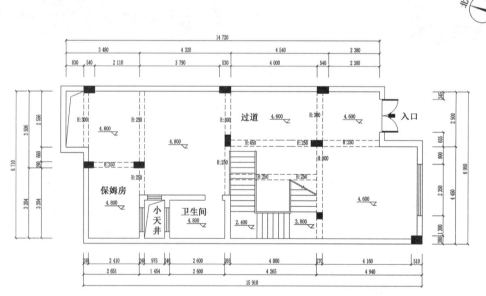

图 3-122 负一层原始结构现状平面图

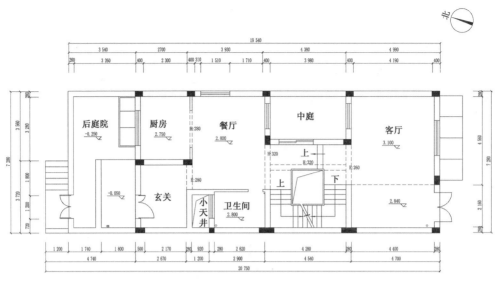

图 3-123　一层原始结构现状平面图

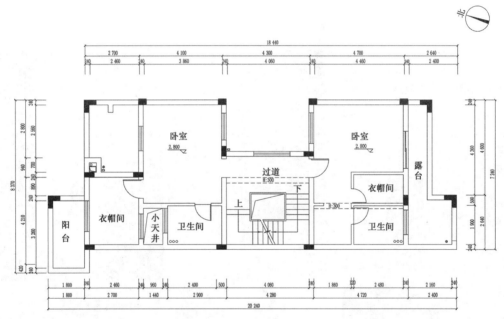

图 3-124　二层原始结构现状平面图

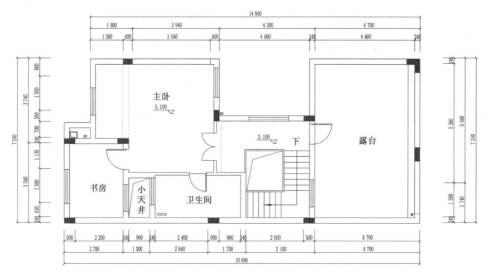

图 3-125　三层原始结构现状平面图

图 3-126　项目现场照片

【实训形式】

① 采用若干张 A3 普通复印纸。

② 采用 AutoCAD 及 SketchUp、手绘相结合的表现方式，制图比例自行确定。

③ 要求整体版面整洁美观。

④ 所有图纸 A3 横向左侧装订。

 拓展阅读

［1］日本建筑学会. 光与色的环境设计. 机械工业出版社，2006.

［2］菲莉丝·斯隆·艾伦，琳恩·M. 琼斯，米丽亚姆·F. 斯廷普森. 室内设计概论（原著第 9 版）. 胡剑红，等译. 中国林业出版社，2010.

［3］文尼·李. 室内设计 10 原则. 周瑞婷，译. 山东画报出版社，2013.

［4］LOFT 中国：http://loftcn.com.

［5］Aestate：http://www.aestate.co.

第四章

室内设计技术性之尺寸·材料·构造·设备

　　如果我们细心地去梳理室内设计的工作过程，就不难发现它其实就是一个融艺术与技术为一体的创造性活动。艺术是设计思维的源泉，是设计发生的原动力，而技术是设计过程的规范，是设计得以实现的保障。任何一个室内空间的最终实现都离不开技术的支撑和贡献，技术贯彻了设计的整个过程，从材料的使用、细部的构造，到设备的处理、各专业的协调，都会看到技术的影子，它是创造室内环境的基石（图4-1）。例如，要把吊顶的造型按照图纸设计要求顺利做出来，就必须依赖相应的材料如纸面石膏板、轻钢龙骨、吊杆、乳胶漆等，要通过懂施工技术的工人来制作，要有相应的配套设备，如水电管网、暖通消防等，还要协调、衔接相关的专业技术问题。

　　在很多在校学生或刚从事设计的设计师的作品中，我们往往可以看到其想法很有创意，美感形式也很强，但缺乏理性的技术意识，所设计的作品也往往由于缺乏材料、构造、尺寸、设备等技术性要素支撑而始终只能停留在图纸上。毕竟，室内设计不同于艺术创作，如果设计只能停留在图纸上就没有了现实的价值与意义。所以，技术是设计得以实现的必要条件和有力保障，任何一位室内设计的初学者，都不应在思想上去逃避学习技术，虽然技术对于艺术背景出身的人来说的确很有难度和挑战。因此，就笔者个人的经验来说，尺寸、材料、构造、设备四个方面的技术因素在室内设计的过程中最为重要，对初学者来说也最难掌握，这就需要系统化和针对性地学习，并注重平时的设计实践，在实践中多向施工人员、建筑师、工程师等相关专业人员学习，不断提高自身沟通、协调和解决问题的综合能力。

墙面和顶面都采用了金属板作为饰面，为了增加吸声效果，顶部使用了穿孔的金属板。

图 4-1　瑞典某市政厅内部空间

第一节　室内设计尺寸

室内空间的直接服务对象是人，因此室内设计强调从人自身出发，寻求人与室内环境之间的合理协调关系，以适应人的精神与生理需求，其目标是创造安全、健康和舒适的空间环境。而设计尺寸直接关系到人对所处空间的有效使用，是以人的生理尺度作为设计的依据。

人在日常的工作、学习、休息、运动等过程中，有着各式各样的生理形态，这些形态在活动的过程中都会涉及一定的空间尺度范围，而这些空间尺度范围就是我们在具体空间设计中的主要参考数据（图 4-2）。比如厨房操作台面的高度尺寸，比如室内楼梯每一级台阶的高度尺寸，又比如墙面上的插座开关面板高度尺寸等，都不是设计者随意设定的，而是依据特定空间内使用者的活动尺度范围来具体设定。在某些情况下，还必须考虑老人、婴儿及残障人士在安全、便捷和舒适方面的要求，正如我们在第一章已经提到过的，在公共空间中，我们的设计必须满足不同年龄和行为能力的人的需要（图 4-3）。

例如，为残障人士设计的公共卫生间，其设计尺寸就要依据轮椅的活动范围来针对性设定（图4-4）；为行动不便者设置的停车位不能在斜坡上，必须在便捷的位置并有清晰的标识（图4-5）；为了让使用轮椅或拐杖的人可以轻易地在各种不同的区域间穿行，门的宽度至少在900 mm以上，且开启方向没有任何障碍物，室内走廊宽度要足够使用轮椅或拐杖，硬质、防滑的地面铺装对于依靠轮椅、拐杖行动的人最为有利，如果使用地毯，应该是质密、短毛的，边缘是扁平的，厚度不超过15 mm。所以，设计师必须非常清楚这方面的相关设计规范，并掌握设计解决方案。此外，涉及具体界面构造细部的设计尺寸，也与空间原有建筑层高、柱网间距、管网设备等实际条件密切相关，设计的过程其实就是不断协调的过程，以解决层高与空间尺度、设备与界面造型等现实矛盾问题。当然，除了以上这些人在空间中的具体使用尺寸问题之外，还存在着空间中人与人之间的距离尺度问题（图4-6和图4-7）。

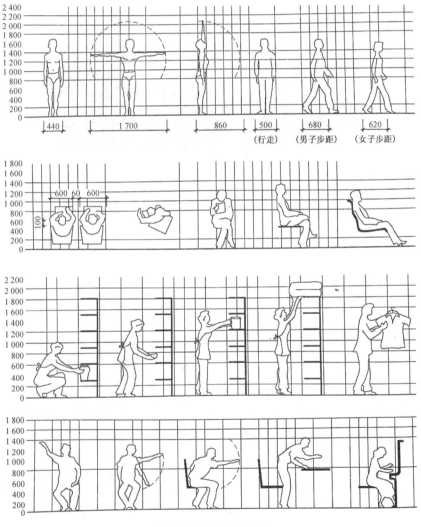

图4-2　人体的基本动作尺度

图 4-3　在中国台北街头随处可见的方便弱势人群出行的各类设施

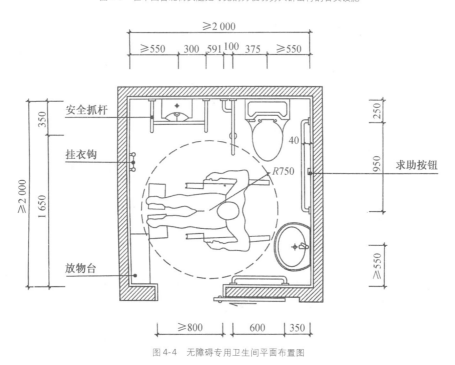

图 4-4　无障碍专用卫生间平面布置图

图 4-5　中国台北故宫博物院残障人士停车位

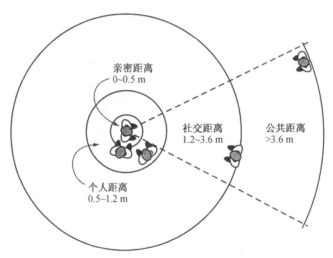

图 4-6　人际距离与行为特征

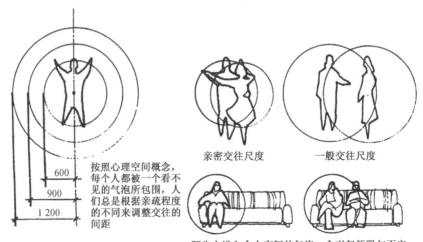

图 4-7　人际距离尺度

1. 人体的基本尺度

早在古希腊时期，人们就已经开始研究人体的尺度问题了，古希腊人崇尚人体美，认为人身体的比例是世界上最完美的，只不过当时这种研究更多侧重于美学方面，比如在雕塑、建筑等领域。事实上，古希腊的建筑柱式就是以人体的尺度比例为基本设计模板，如多立克柱式模仿男人的身体比例特点，柱身雄壮挺拔，柱头充满力量和张力，而爱奥尼柱式则模仿女人的身体比例特点，柱身秀丽端庄，柱头富有曲线和弹性。不同国家、不同种族、不同年龄、不同性别的人人体尺寸的客观差异是存在的，各国的研究工作者都对本国的人体尺寸做了大量调查与研究，发表了可供查阅的相应标准与数据。我国曾在 1989 年公布了《中国成年人人体尺寸》（GB 10000—88），为我国的室内设计领域提供了重要的数据参考依据。设计师应在实际工作过程中合理利用国标中的相关尺寸数据，以创造尺寸适宜、使用便利、舒适高效的室内空间环境。

涉及室内设计的人体尺度主要可以分成两类，即结构尺寸和功能尺寸。结构尺寸也称为静态尺寸，即人在静止状态下所测量的人体尺寸数据，包括立姿、坐姿、蹲姿、卧姿等，它对于与人体有直接接触关系的物品如家具、洁具等有较大的设计参考价值，当然，也可以为服装设计、产品设计提供参考数据。功能尺寸也称为动态尺寸，即人在某种运动状态下所测量的人体尺寸数据，主要是由关节的活动、转动所产生的角度与肢体配合产生的范围尺寸（图 4-8），功能尺寸比较复杂，它对于解决许多带有空间范围和位置的问题非常有用。虽然静态尺寸对某些设计非常有用，但在大多数情况下，动态尺寸的用途似乎更加广泛，因为人体在很多情况下都处于一个运动的、变化的状态。在运用动态尺寸时，应充分考虑人体活动的各种可能性，考虑人体各部分协调工作的情况（图 4-9）。例如，手所能达到的限度并不是单纯以手臂的尺度来决定的，它也受到肩的运动和躯体的旋转、背的弯曲等动作的影响。又比如在厨房的设计中，既要考虑盥洗、烹饪、备餐、储物等功能的合理布置，以方便使用与操作，同时也要考虑各区域组件的功能尺寸，最大限度地满足使用者的动态尺度要求（图 4-10）。

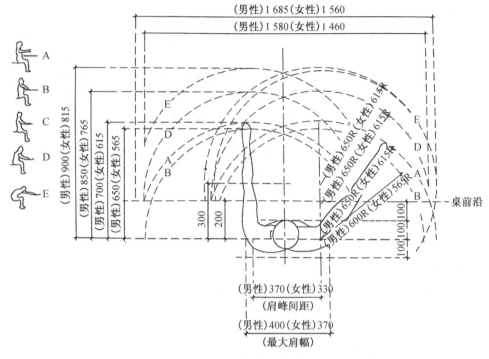

图 4-8　人手的平面活动幅度

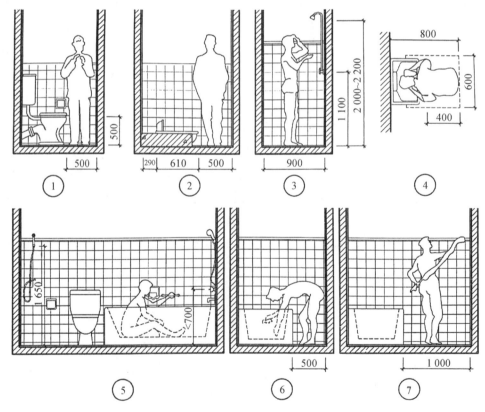

图 4-9　人体活动与卫生设备组合尺寸关系

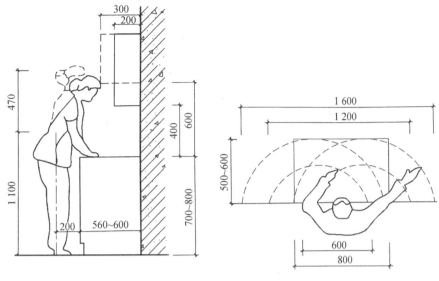

图 4-10　厨房设计尺寸

2. 人体尺寸的应用

在实际室内设计中，究竟采用什么样范围的尺寸确实是一个值得探讨的问题，除了我们在前面提到的可以参考结构尺寸与功能尺寸的数据外，针对不同的情况也可以按照以下几种人体尺度来考虑。

第一，按照较高人体高度来考虑空间尺度，如楼梯顶高、栏杆高度、阁楼及地下室净高、个别门洞的高度等，可以采用男子人体身高幅度的上限 1.74 m，再另加鞋厚 20 mm 为宜。

第二，按照较低人体高度考虑的空间尺度，如楼梯的踏步、盥洗台、操作台、挂衣架等，可以采用女子人体的平均高度 1.57 m，再另加鞋厚 20 mm 为宜。

第三，一般建筑内部使用空间的尺度可以按照成年人平均高度 1.67 m（男性）及 1.56 m（女性）来考虑，如在展厅、剧院等空间中以人平均高度来考虑人的视线及普通桌椅的高度，再另加鞋厚 20 mm。

3. 家具功能尺寸

家具功能尺寸是整个设计规划的一部分，因此设计师必须要有家具实际尺寸和操作所需空间的应用知识，通常可以通过查阅国家标准、设计手册等技术资料来实现（表 4-1 ~ 表 4-3）。家具一旦被确定下来，设计师就要分析主要和辅助通道所需的空间，即动线组织（图 4-11）。

表 4-1　主要家具功能尺寸   mm

家具类型	技术要求
桌类	桌面高 680 ~ 760
	中间净空高 ≥580
	中间净空宽 ≥520
	桌椅配套产品的高差 250 ~ 320
椅凳类	座位高 400 ~ 440，软面 400 ~ 460
	扶手椅扶手内宽 ≥460
柜类	挂衣杆上沿至底板内表面间距：挂长衣 ≥1 400；挂短衣 ≥900
	挂衣服空间深度 ≥530
	折叠衣物放置空间深度 ≥450
	书柜层间净高 ≥230 或者 ≥310
床类	床铺面净长 1 920，1 970，2 020，2 120 等多种
	床铺面宽 800，900，1 000，1 200，1 300，1 500，1 800 等
	床铺面高 400 ~ 440

表 4-2　厨房家具功能尺寸   mm

部位	尺寸
底柜高度	700 ~ 900
底柜深度	≥450
台面伸出量	10 ~ 30
吊柜深度	≤400
台面挡水条高度	≥50
底座高度	80 ~ 100
地面至吊柜底面净高	≥1 500
各分体柜宽度	300 ~ 1 100

表 4-3　空间尺寸要求   mm

空间	尺寸
通道宽度	
大型商业	1 500 ~ 1 600
大型住宅	1 200 ~ 1 500
小型商业	900 ~ 1 200
身体极限	≥800
单向通道	≥900
双向通道	≥1 500
转角	≥1 000

续表

空间	尺寸
交谈区	
沙发或椅子与咖啡桌的容腿空间	≥300
椅子前面容腿空间	460～760
书桌或钢琴前面放置椅子的空间	900
餐饮和会议区	
人坐下后椅子所需空间	460～560
进入椅子所需空间	560～900
桌子和坐人的椅子周围的交通路径	460～600
工作空间	
书桌和书柜之间的空间	1 000～1 200
文件柜前的空间	760～900
书桌前客人座椅所需空间	1 000～1 200
睡眠区域	
整理床铺所需空间	460～610
两个床之间的空间	460～700
抽屉柜前的空间	900
梳妆台前的空间	900～1 200
食物准备区	
橱柜前的工作空间	900～1 800
设备之间的柜台空间	900～1 200
卫生区	
浴缸前部与对面的墙之间的距离	760～1 000
梳洗台前的空间	460～610
梳洗台左右的空间	300～460
固定设备前端之间的空间	760～900

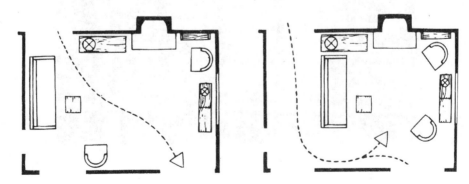

图 4-11　不同动线所组织的家具布置

第二节　室内装饰材料

　　所谓"人靠衣装马靠鞍"，室内空间的效果表现离不开材料的应用，再好的设计概念都是通过具体的材料来实现的（图4-12），一个同样的室内空间，如果采用不同的装饰材料，最终所呈现的效果也会大不相同。郑曙旸先生在《室内设计思维与方法》一书中这样写道："木材质感温暖润泽、纹理优美、着色性好，历来是室内用材的首选。东方世界用木材创造了以构造为特征的彩画框架装饰体系。石材质感坚硬，纹理色彩多变，雕琢性好，是建筑理想的结构材料，同时也是室内界面铺砌的高档用材。西方世界用石材创造了以柱式拱券为代表的雕塑感极强的界面装饰体系。金属材料质感冷峻平滑、色彩单纯、加工成型可塑性强，但是需要现代加工技术水平的支撑，因此以金属作为室内界面的构造与材料就代表了现代最典型的装饰风格。"因此对于室内设计师来说，对于材料的选择、应用正确与否直接决定了设计的成败，也能体现设计师的功力如何。历史上任何一件伟大而经典的设计作品，都离不开材料与空间恰如其分的表现，简单质朴的材料同样能装饰出精彩绝伦的室内空间（图4-13）。阿尔托在自己的设计中，喜欢用红砖来表现空间的细腻质感；赖特在自己的设计中，喜欢用毛石来表现空间的有机感；安藤忠雄在自己的设计中，喜欢用清水混凝土来表现空间的光影变化。这些材料都谈不上有多么高档，甚至有一些可以说是非常普通，但其呈现出了完美的空间装饰效果，在空间中的表现力真真实实地打动了我们的内心（图4-14～图4-16）。

室内设计语言和美学理念经常是通过许多由设计师挑选的材料和成品表达出来的，这些材料就被称为"样品"。

图4-12　装饰材料样品

设计师让墙壁上的涂鸦呈现在参观者面前，诉说着这栋建筑的过去。

图 4-13　德国国会大厦局部墙面

材料的选择有鲜明的地方特色，以红砖、木材和铜为主要建筑材料。

图 4-14　阿尔托设计的芬兰珊纳特赛罗市政厅

流水别墅浓缩了赖特主张的"有机"设计哲学，他自己将它描述成对应于"溪流音乐"的"石崖的延伸"的形状，因此在材料的选用上，墙面支柱、室内壁炉都采用了粗犷的岩石，与周围景观可谓完美地融为一体。

图 4-15 流水别墅

阳光从未意识到它有多大的艺术创造力，直到它被设计师以一种独特的方式引入到一座房子里。在这里，安藤让光线交错照射进来，构成了一个引人遐思的光之路。

图 4-16 安藤忠雄设计的杭州良渚文化艺术中心

对材料的熟练应用，离不开对材料的清晰认识。现代科技日新月异，新材料层出不穷，如何掌握这些数量庞大、更新快速的装饰材料，对于现代的设计师来说充满了挑战，但同时也为其创作提供了更多的选择。与室内设计相关的材料不仅有装饰材料，还有结构材料，了解结构材料对于室内设计师来说同样也很有必要，毕竟装饰材料只有依附于结构材料之上才能发挥出它的装饰效果。

1. 材料的选择

选择什么样的材料来实现设计，是设计师能力最直接的体现，也是室内设计重要的组成部分，设计绝对不是材料简单的拼凑与堆砌（图4-17）。各种装饰材料的色彩、光泽、质感、触感等性能的不同运用，会在不同程度上影响室内整体装饰效果（表4-4），因此，在材料的选择上可以从以下几个角度来考虑。

老的建筑总是保留着许多历史的记忆，在这个案例的室内改造设计中，设计师保留了拱形的建筑门窗形式，以及传递着历史感的砖砌墙面，同时加入了一些具有现代感的材料与元素，创造了一种新老材料之间的有趣对话。

图 4-17　室内空间材料的选择与表现

表 4-4　不同外观装饰材料的视觉效果

材料外观		视觉效果
形体	块状	稳重、厚实
	板状	轻盈、柔和
	条状	细致而有方向感
质感	硬质毛面	粗犷、朴实
	软质毛面	柔和、温柔
	镜面	简洁、现代
	亚光面	内敛、含蓄
	透光面	通透、开敞
纹理	木纹	美丽、自然
	石纹	自然、精致
	拉丝纹	细腻、精工
	冰裂纹	有历史文化感
	豹纹	狂野、张扬
	网纹	均质、理性
色彩	红色	兴奋、时尚、警觉、刺激
	绿色	消除紧张和视觉疲劳
	白色	纯洁、高洁
	蓝色	清爽、深沉
	黄色	富贵、亮丽

（1） 从装饰的角度考虑

材料的装饰性对室内空间效果起着极为重要的作用，主要表现在材料的色彩、质感、肌理等方面。有些材料如大理石、地砖、不锈钢、清水混凝土、墙纸等本身具有天然的色彩特征，在施工的过程中无须再进行二次加工，可直接表现材料的自身美，称为固有色彩；而有些材料在实际运用中要做改色、造色处理，调节材料的固有色，以达到室内空间色彩的和谐与统一，称为二次色彩。通过各类色彩的组合和协调加强，运用色彩的规律将材料的色彩合理地进行组合，利用不同明度、纯度、冷暖的色彩差异在设计中突出材料色彩的表现力。不同的材料表现出不同的肌理，肌理是体现材料本身美的一个重要方面，不同的肌理给人所带来的心理感受和生理感受是完全不一样的，如毛石、板岩、红砖等有粗犷的肌理感，实木、织物等有自然的肌理感，以及玻璃、金属等有光洁的肌理感。在设计中，有意识地运用材料肌理的对比与统一，可以收到意想不到的视觉效果（图 4-18）。可通过对缝、碰角、压线及肌理平直走向、肌理微差和平面上的凹凸变化来实现肌理的组合表现。对比的肌理组合，可以强调和突出某一种肌理的特定美感；而相似的肌理组合，可以协调和柔化整个室内空间，给人愉悦、亲切之感。

图 4-18　材料质感与肌理间的对比

（2） 从实用的角度考虑

装饰材料不仅起着美化空间界面的作用，同时也起着保护建筑结构的作用，因此，在设计的过程中，不仅要求选用的材料具有良好的装饰效果，还应具备一定的物理、化学性能，能经受住相当的冲击、摩擦、洗刷等外来作用。材料的装饰效果固然重要，但充分考虑材料的实用效果则是一种更为负责任的设计态度，所谓"人尽其才，物尽其用"，一个成功的设计必然是材料的装饰性与实用性完美结合的产物。比如在一些人流量较大的公共空间室内大厅，地面铺装材料的选择就要综合考虑多方面的因素，比如空间整体设计风格、造价与预算、材料的装饰性，以及耐摩擦、抗冲击、易清洁、便维护等性能，以确定最适合的材料（图 4-19）。

图 4-19　法国里昂机场火车站室内地面采用石材铺装

（3）从经济的角度考虑

工程造价是材料选择过程中绝对不可忽视的因素，材料几乎占到了工程总造价的一半，特别是在现今材料价格又高居不下的情况下更显如此。在实际项目中，若一味追求使用高档材料来体现设计水平而对甲方的预算置之不理，最终面临的必然是失败的结局。事实上，那些成功的设计作品，都是在规定的预算内所达到的最佳设计效果，虽然在某些局部空间只有简单的几面乳胶漆白墙而已，但丝毫不影响整体的设计风格与空间效果。当然，从经济的角度来看，材料的选择既要考虑一次性投入的问题，同样也要考虑到日后维护成本的问题，有时适当加大一次性投入，以此来延长使用年限，降低维护成本，从而达到总体投入上的经济性。例如，建筑外墙用的钛板是建筑师盖里最喜欢的材料之一，虽然一次性投入成本较高，但可以极大延长建筑的使用寿命，并降低后期维护成本，这些都得力于钛金板极度稳定的物化性能——坚韧、耐腐蚀、自我修复等，非常适合于建筑外墙，并具有良好的高技派装饰风格（图 4-20）。

弗兰克·盖里在设计博物馆建筑外立面时采用了闪亮的钛板。

图 4-20　西班牙毕尔巴鄂古根海姆博物馆

（4） 从环境的角度考虑

现今，对生存环境珍爱与重视已成为全社会的共识，室内环境也是如此，如果离开了安全与健康，其他都变得毫无意义。但我们又不得不承认，许多装饰材料或多或少地都会影响环境，如材料在生产过程中所产生的污染与资源消耗，材料在工程施工中所产生的污染和浪费，以及材料在使用过程中产生的有害气体如甲醛、苯、氡等，而这些最终所伤害的是我们人类自己。因此，设计师必须高度关注装饰材料的环境问题，在选择材料时尽可能减少工程对环境的影响，用最符合环保要求的方案来使空间的使用者受益。例如，优先考虑使用可再生、可重复利用、可持续发展的绿色装饰材料，倡导自然、健康、绿色、生态的设计理念，并积极推动工厂模块化生产、现场装配式施工，以及可拆卸、可循环利用的构造工艺，以减少传统工程施工过程中所产生的巨大污染与浪费（图4-21）。

阿尔托在这栋别墅的设计中大量引用传统与自然元素，并通过空间塑造来表达其主观上对人性与民主的关注。

图4-21　阿尔瓦·阿尔托设计的芬兰玛丽亚别墅

2. 常用装饰材料简介

如今，市场上的装饰材料种类繁多，更新速度飞快，而且新材料也层出不穷，在科技日益智能化的今天，装饰材料正由品种、色彩、图案单一化向多样化发展，由传统现场湿作业为主向成品模块化、现场装配化方向发展，由满足基本装饰使用功能向绿色、节能、可持续方向发展。

室内装饰材料的分类方法很多，常见的有两种分类方法：按照材料的材质来分和按照材料在室内空间中的使用部位来分。

（1） 常用的骨架及基层类材料

我们平常在室内空间看到的许多充满色彩、肌理与质感的材料，其实很多只是表层的装饰材料，它们一般不直接固定在建筑结构上，而是通过骨架及基层材料（图4-22）固定。因此，骨架及基层是指在室内空间中为了提供装饰面层依附的界面，且保持其平整、完好或形成一定造型而设置的具有足够刚度和稳定性的结构体系。限于篇幅，以下介绍几种典型的骨架及基层类材料。

木龙骨   轻钢龙骨

图4-22　骨架材料

① 木龙骨

木龙骨是最为常见的一类骨架材料，广泛用于吊顶、隔断、地面及简易家具的制作，主要起到支撑骨架的作用。多采用松木、杉木、椴木等树种，将其加工成断面为矩形或方形的长木条，俗称"木方"，市面上长度一般为 4 m，其常用的规格尺寸为 20 mm×30 mm，30 mm×40 mm，40 mm×40 mm 等。木龙骨虽然存在易霉变、易生虫、易燃及易变形等缺点，但在现代室内工程中，仍有其特殊的优势，主要表现在木龙骨造型能力强，对于一些复杂的构造造型比如异形吊顶、不规则背景墙等，就有着很大的优势，整体握钉能力强，安装简单方便，也特别适合与其他木制品连接。当然，在使用木龙骨的过程中也特别需要做好防火、防潮、防虫蛀的措施，比如作为吊顶和隔墙龙骨时，在表面应刷上防火涂料，作为实木地板龙骨时，在地面刷上防潮涂料、铺防潮膜，也可以加入石灰等以防虫蛀。总之，木龙骨以其价格经济、施工方便、造型能力强等诸多优点，目前仍在住宅室内工程中大量应用。

② 轻钢龙骨

轻钢龙骨是以优质的连续热镀锌板为原材料，经冷弯工艺轧制而成的金属骨架。相较于木龙骨，轻钢龙骨质量更轻，强度更高，并有着良好的防潮、防火、防震等性能，完全不用担心变形、虫蛀、霉变等问题，而且现场安装简单，整体调节简便，施工周期短、精度高，也便于管线安装。因此轻钢龙骨广泛应用于以纸面石膏板、装饰石膏板等轻质板材做饰面的隔墙和吊顶造型装饰中。

轻钢龙骨按用途分有吊顶龙骨和墙体龙骨，按断面形式有 V 形、C 形、T 形、L 形、U 形龙骨。其中墙体龙骨又有沿地龙骨、沿顶龙骨和竖龙骨之分，型号有 C50，C75，C100，C150 等。沿地龙骨、沿顶龙骨可采用射钉法、膨胀螺栓法、预埋木砖法与梁或楼板进行固定，竖龙骨上、下两端分别插入沿顶、沿地龙骨，并用卡钳打铆眼固定。吊顶龙骨分上人和不上人两种，由主龙骨、次龙骨及横撑龙骨构成一个稳定的整体，主龙骨间距一般在 1.2 m，次龙骨间距一般在 0.6 m，主次龙骨之间通过龙骨连接件相连，该骨架体系又通过安装于主龙骨上的吊挂件安装于吊杆上，吊杆则通过膨胀螺栓固定在顶面楼板上，为了保证轻钢龙骨骨架系统的稳定性，吊点间距一般不大于 1.2 m。

③ 型钢结构

有些室内空间的轻质隔墙由于高度较高，比如超过 4 m，按照技术规范要求，就需要加入构造柱补强，而型钢就是一种不错的选择；或者在有些室内大空间中，需要加入夹层设计，也可以考虑使用型钢结构作为支撑夹层的主体骨架。根据断面形状，型钢分简单断面型钢和复杂断面型钢（或称为异型钢），前者指方钢、圆钢、扁钢、角钢、六角钢等，而后者指工字钢、槽钢、窗框钢、弯曲型钢等。型钢结构一般采用焊接或栓铆铰接的形式，无论其采用露明或其他材料饰面的形式，表面均应做好防锈和防火处理。型钢结构因其优良的力学性质、方便快捷的装配式施工、可拆卸重复利用的特点而被越来越多地应用在建筑内部空间改造中。比如在一些老旧的厂房、仓库室内空间改造中，斑驳的砖墙、木质的屋顶等历史记忆的元素被完整地保留下来，同时也加入新的结构与材料，或比如在原来大尺度的空间中重新加入型钢结构的夹层，加入金属、美岩板等现代材料，或加入家具、灯具与陈设品，从而取得一种空间审美上的完美对比，体现粗犷、现代的工业风效果（图 4-23）。

室内改造前　　　　　　　　　　　室内改造后（新建夹层采用型钢结构）

图 4-23　型钢结构在室内空间的应用

（2）常用面层装饰材料

面层装饰材料通过安装、粘贴、涂饰、裱糊等方式固定于骨架及基层上，注重表面的装饰效果，也起到保护基层、实现功能的作用，大致可以包括墙柱面饰面材料、楼地面饰面材料、顶棚面饰面材料及家具饰面材料等几个大类。

① 墙柱面饰面材料

室内空间中的内墙面与柱面是人的视线最容易聚焦的部位，同时也是极易与人体发生接触的部位，因此这一部位的饰面材料更应注重视觉与触觉上的审美效果（图4-24），但同时也要避免有可能对人身体造成伤害的材料表面有过度粗犷的肌理效果，比如木丝吸音板就不适合应用在墙面较低的部位，它极易划伤儿童的皮肤，又比如硅藻泥、弹涂等带有强烈质感的肌理漆，也存在这样的问题，在具体的选用过程中也要稍加注意。

常用的墙柱面饰面材料的种类丰富，主要包括内墙涂料、墙纸、墙面砖、玻璃、石材、木材、皮革、织物、金属板、复合板等，它们各自的装饰效果也各不相同，在设计中应考量风格、功能、造价等多种因素（图4-25）。

图 4-24　威尼斯圣马可大教堂墙面上的花纹砖

瑞典斯德哥尔摩的 Kvadrat 陈列室是布鲁利克兄弟设计的经典之作，针对甲方的设计要求，布鲁利克兄弟专门开发了一种新的织物产品，命名为"北部墙砖"。他们使用这种墙砖来架构和覆盖整个室内空间，通过一种折叠系统将所有的墙砖连在一起。墙砖的厚度不仅能增加室内空间的保暖效果，还能让空间内部看起来五彩缤纷，同时还具有良好的隔音效果，使室内的音响效果更佳。通过使用织物的方式，设计师创造出的陈列室不仅充分体现了公司产品的价值，同时还建造出一个色彩丰富、以墙面表面元素为亮点的室内空间。

图 4-25　Kvadrat 陈列室

内墙涂料主要由水、乳液、颜料、填料及添加剂五种成分构成，它具有色彩丰富、质感多样、施工方便、经济安全、耐水洗、透气性良好等多种优点，并可根据不同的配色方案调配出不同的颜色，是室内工程施工中最为常用的墙柱面材料之一，在某些特定空间恰当使用，有时可以收到意想不到的设计效果，为室内注入丰富的感情色彩（图4-26）。随着社会经济的发展及全民审美意识的提高，过去那种凡是涉及墙柱面，就千篇一律使用白乳胶的时代正在过去，追求审美个性与趣味的时代已经悄然而至，越来越多的肌理质感涂料受到人们的推崇，清水混凝土质感、金属铁锈质感等涂料被广泛应用于住宅、餐饮、商业等空间中，彰显出更具个性化、艺术化和多样化的设计风格。

修道院里没有彩色玻璃，也没有什么花窗，只有水平方向的通风口和顶部的采光炮，上面涂满了各种鲜艳的色彩，与幽暗的墙壁和天花形成极大的反差。

图4-26　柯布西耶设计的法国拉图雷特修道院

　　墙纸的应用历史非常悠久，最早的墙纸作品出现于法国，让·米歇尔·帕皮隆于1766年制作出一系列连续木刻版来印制墙纸，因此他也被称为"世界墙纸之父"。但真正现代意义上的墙纸出现则要到19世纪中叶，工艺美术运动领袖英国人威廉·莫里斯开始大批量生产墙纸（图4-27），墙纸才开始逐渐进入普通人的家里。墙纸的发展随着世界经济文化的发展而不断发展，先后经历了纸、纸上涂画、发泡纸、印花纸、对版压花纸、特殊工艺纸的发展变化过程，而现代墙纸的材质已经不再局限于过去意义上的纸，也包含其他材质，比如织物、塑料、金属等，性能也更为优越（表4-5）。墙纸具有色彩多样、图案丰富、安全环保、施工方便、价格适宜等多种其他装饰材料所无法比拟的特点，因此在全世界都有着极为广泛的应用，无论是营造温馨舒适的卧室空间，还是表现个性十足的商业空间，墙纸都不失为最佳的选择材料之一。

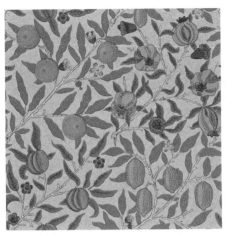

图 4-27　威廉·莫里斯所设计的壁纸图案

表 4-5　常用壁纸的特点和适用范围比较

名称	特点	适用范围
普通塑料壁纸	花色多、适用面广、价格便宜	一般装修墙面
发泡壁纸	质感强，有一定的吸声隔热性，表面强度较低，耐水性较差，纸基老化易损	影剧院、住宅天花、墙裙、走廊、基层较粗糙墙面
耐水壁纸	防水功能较好	卫生间、浴室
防火壁纸	有一定的阻燃防火功能	防火要求较高的墙面、木制品面
彩色砂粒壁纸	质感强	门厅、柱头、走廊等局部装饰
金属热反射节能壁纸	防结露和霉变，无屏蔽效应	节能建筑
无机质壁纸	质感自然，吸声、保温、吸湿	营造自然主义风格
植绒壁纸	质感强、触感柔和、吸声性好	影剧院的墙面、顶棚
丙烯酸发泡壁纸	质感强、装饰效果好，有一定的吸声隔热功能；价格较高	游艺和儿童活动场所
镭射壁纸	装饰效果好，可用于曲面，价格比镭射玻璃便宜；施工要求高	经常更新的娱乐场所

　　在一些需要特别防潮、防水的室内墙柱面，墙面砖是一个不错的选择。这种材料属于陶瓷类产品，应用在建筑墙面上的历史非常悠久，在古代西亚地区，人们习惯将当地的泥土烧制成陶瓷片，贴在建筑内外墙面上作为装饰，它们大多颜色艳丽，有着各式花纹和图案，装饰效果十分强烈。墙面砖具有色彩丰富、花色多样、理化性能稳定、耐腐蚀、耐污渍、易清洁等多种优点，因此非常适合用于厨房、卫生间、阳台或者人流量较大的过道等墙面装饰（表4-6）。墙面砖有亚光和有光之分，也有白色釉面和彩色釉面之分，具有各种图案的花纹砖用在主题背景墙面装饰上，可以起到很好的空间点缀作用（图4-28）。

表 4-6　内墙釉面砖分类及其特点

种类	特点
白色釉面砖	色纯白，釉面光亮，清洁大方，造价低廉
有光彩色釉面砖	釉面光亮晶莹，色彩丰富雅致
亚光彩色釉面砖	表面亚光或半亚光，色调柔和，雅致而内敛
花釉砖	同一砖体上施以多种彩釉后高温烧成，色釉相互渗透，花纹千姿百态，装饰性好
结晶釉砖	晶花辉映，纹理丰富
豹纹釉砖	豹纹釉面，丰富多彩
大理石釉砖	仿天然大理石花纹，颜色丰富，美观大方
白地图案砖	属白色釉面砖的釉上彩做法，纹样清晰，色彩明快
色地图案砖	属彩色釉面砖的釉上彩做法，可做成浮雕、缎光、绒毛、彩漆等效果，别具风格

图 4-28　泰国某住宅室内楼梯处的墙面采用了艺术花砖

　　木材是人类使用历史最为悠久的建筑与装饰材料之一，一方面得益于其取材方便，另外一方面得益于其良好的力学性能和加工性能，此外，木材也有着天然的纹理（图 4-29），触感自然温暖，色泽质朴温馨，因此它被大量应用在建筑结构、界面装饰、家具制作等方面。时至今日，木材用在建筑结构上已经非常少见了，更多是被作为木作结构框架、龙骨骨架、基层面板或装饰面板来使用。作为室内墙柱面的饰面材料，主要有饰面板、吸音板、免漆板、胶合板、密度板、细木工板、纤维板、刨花板、木质线条等（图 4-30）。

图 4-29　美国索尔斯堡某山区学校学生中心中厅木构屋顶

图 4-30　某演艺厅剧场的墙面整体采用了吸音板

　　石材蕴藏量丰富、方便开采与加工，强度和耐久性好，视觉效果统一，因此与木材一样，石材很早就被应用在建筑上。从古埃及巨大的太阳神庙到古希腊精致的雅典卫城，从古罗马宏伟的竞技场到中世纪高耸的天主教堂，西方的建筑发展史就是一部由石头堆积而成的艺术发展史，石材集结构与装饰为一体。石材发展到今天，多用作界面的表皮装饰材料，根据表面加工方式的不同，呈现出不同的风格与质感（图 4-31）。抛光处理后的石材表面可以获得光亮平滑的效果，适合体现豪华高档的室内风格；火焰烧毛处理后的石材表面可以获得毛面的肌理效果，适合体现自然质朴的室内风格；凿毛处理后的石材表面可以获得粗犷的肌理效果，适合体现厚重沉稳的室内风格。石材有天然石材和人造石材之分。天然石材直接从天然岩体中开采出来，经过形状加工、表面处理等多道工序而成，用在室内的天然石材主要包括大理石、砂岩、花岗岩等，部分花岗岩具有微量的放射性，用在室内需要特别谨慎。人造石材是以不饱和聚酯树脂为黏结剂，配以天然大理石或方解石、白云石、硅砂、玻璃粉等无机物粉料，以及适量的阻燃剂、颜色等，经配料混合、瓷铸、振动压缩、挤压等方法成型固化制成的。与天然石材相比，人造石材具有价格经济、色彩艳丽、光洁度高、颜色均匀、抗压耐磨、结构致密、坚固耐用、不吸水、耐侵蚀风化、色差小、不褪色、放射性低等诸多优点，可以广泛地应用于制作厨房台面、吧台面、接待台面、窗台等。

虽然加入了新的元素，但原本典雅的历史建筑却仍保持了原貌，巨大的大理石柱凸显了高耸的室内空间。

图 4-31　美国罗德岛设计学院的图书馆

　　早在古罗马时期，玻璃就已经开始被应用在建筑门窗上了，具有便于室内采光及维护等功能。到了中世纪，大量的彩绘玻璃运用到了哥特式教堂的高窗上。彩绘玻璃窗不仅改变了罗曼式建筑采光不足而沉闷压抑的感觉，还通过圣经故事表达了人们向往天国的内心信仰，同时也起到了向普通信徒阐释圣经教义的作用（图 4-32）。而现代的生产科技与深加工工艺则赋予了玻璃更多的新型复合性功能，如保温隔热、防火防盗、降噪减耗、美学艺术等。现代玻璃种类很多，几乎可以用在室内各个界面，比如用于室内采光的玻璃顶棚，用于墙面装饰的微晶玻璃，用于隔断造型的冰裂玻璃，用于分隔空间的彩色玻璃砖等。玻璃具有丰富的视觉效果，为设计师提供了更多的选择（图 4-33）。

13世纪修建的法国圣礼拜堂   1976年修建的美国感恩教堂

法国圣礼拜堂有传统哥特式教堂的彩绘玻璃；美国感恩教堂中螺旋造型的彩绘玻璃，向天空升腾转弯时颜色会不断变化。

图 4-32   教堂建筑中的彩绘玻璃

图 4-33   东京的一处住宅采用了大面积的落地玻璃砖墙面

　　金属装饰板的材质种类主要有铝、铜、锌、钛、不锈钢、铝合金等，是用一种以金属为表面材料复合而成的新颖的室内装饰材料，是以金属板、块装饰材料通过镶贴、构造、连接、安装等工艺与墙体表面形成的装饰面层。金属装饰板具有很多优点，如防水、耐老化、强度高、挺括、施工精度高等，可制成平板、条形板、扣板、瓦楞板、穿孔板等多种造型，表面可以通过喷塑、压膜、烤漆、喷漆、化学蚀刻等多种处理手段以获得多种装饰效果（图 4-34）。耐候钢板是近些年来较为流行的一种金属装饰板材，它的特别之处在于，当其暴露在自然环境中，与空气接触、经雨水冲刷后，钢材表面会自动形成抗腐蚀的保护层，且随着时间的推移，表面颜色会逐渐加深，耐候性为普通碳素钢的 2～8 倍，材料的使用寿命在 80 年以上。此外，耐候钢的自然艺术感很强，非常适合个性化的主题表现，如建筑主入口造型、形象背景墙、建筑外立面饰面等（图 4-35）。

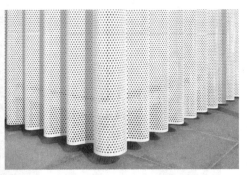

图 4-34　金属装饰板的立面装饰效果

该外立面采用了耐候钢板，使建筑充满了雕塑一般的线条感。

图 4-35　瑞典皇家理工学院建筑学院的教学楼外立面

② 楼地面饰面材料

楼地面的选材，应着重考虑的是该界面要经常经受人的走动、家具的搬动，或者物体突然性的撞击，所以应该具有一定的抗压、耐磨、防滑、耐污、易清洁等特点（表 4-7 和表 4-8）。在一些较为特殊的室内空间如幼儿园、老年公寓中，地面选材还应考虑具有一定的弹性和脚感，以起到安全保护的作用（图 4-36）。

表 4-7　典型的非弹性硬质地面材料

材料	特性	用途
砖	耐久，低维护，包含多种纹理、尺寸和色彩，易透湿、透冷，吸收和储藏太阳能，但不吸音，表面触感粗糙	为步道、天井、门厅、温室增添乡村感或历史感
瓷砖	最坚硬耐久的地面和墙面铺装材料之一，多用途，可以上釉或不上釉，有许多颜色、样式和纹理，吸收和储藏太阳能，但不吸音	浴室使用，也适合任何商业空间
混凝土	混凝土地面有平滑的或有肌理的、抛光的或不抛光的，可以在混凝土灌注之后上色和加工图案，称为压型混凝土，吸收和储藏太阳能，但不吸音，室内使用可带来工业化的感觉	特别适合一些高强度使用的区域或放置重型设备的区域，常在超市使用

续表

材料	特性	用途
水洗石	质感自然，吸收和储藏太阳能，因不平整而不便行走	特别适合室外步道铺装
石板	任何天然石材都存在色彩差异，多用途，耐磨，容易维护，可切割成几何形或按照自然形状铺设，表面轻微不平整，吸收和储藏太阳能，但不吸音，受损后不易修复，感觉冰冷	适用于步道、天井、门厅、温室及行走频繁的区域，用途广泛
花岗石	硬质石材，有石英颗粒纹理，主要颜色有灰色、褐色、黑色、绿色、黄色等，表面粗糙或经打磨变得光亮，容易切割作多种用途，硬度超过大理石，受损后不易修复，不吸音	高耐久度，适用于频繁行走的区域，特别适合地铁站、车站等交通建筑
大理石	比花岗石稍软，有多种种类、色彩和纹理可供选择，给人以高雅、豪华的感觉，比其他地面材料昂贵，新的石材切割工艺使得大理石可被切得更薄，因此更便宜，大理石拼花背面可加环氧玻璃纤维涂层加固，受损后不易修复，不吸音，弄湿后不防滑	适用于需要高雅和耐久材料的场合，特别适合与古典家具搭配，不适合容易沾到水的区域
板岩	比大理石和花岗岩更朴素，品质接近石板，色彩从灰色、蓝绿色到黑色，吸收太阳能，蜡封后容易保养，受损后不易修复，抛光后容易显灰尘	适合各种时代风格的家居布置，特别适合阳光房、门厅和温室
水磨石	大理石碎屑与水泥砂浆混合而成，既可以工厂定制，也可以现场预浇而成，给人更稳重的感觉，水磨石的整体色彩一般由砂浆颜色决定，因为天然大理石碎屑的颜色是有限的，卫生、耐久、易清洁，由于是整体预浇而成，所以受损后不易修复，不吸音	适用于学校、天井、门厅、大堂、休闲场所、浴室或其他走动频繁的区域
洞石	有不规则孔分布的多孔石灰石，需要采用环氧树脂填充孔洞，如果采用透明环氧树脂，可以形成三维立体的表面装饰效果，受损后不易修复，不吸音，受潮后不防滑	适用于需要耐久要求的正式场所

表 4-8　典型的弹性硬质地面材料

材料	特性	用途
软木地板	有静音效果及软垫般的脚感，采用聚乙烯的软木地板具有很强的抗湿和抗污能力，但天然软木不适合厨房和水会沾湿的地方，会产生家具的压痕，有丰富的色彩和纹理，是很好的绝缘材料，容易显灰尘	特别适用于学习和通行量小的房间，很好的绿色设计选择
皮质地砖	具有弹性但昂贵，天然色彩或染色，有静音效果，容易清洁，色彩丰富，并可压花	适用于学习或其他通行量小的有限制性的环境
亚麻地胶	天然亚麻地胶是用亚麻籽油、树脂、软木、木屑、石灰石和染料制成，具有多种样式和色彩，最早的弹性地面材料从19世纪中期开始生产	沾到液体会产生污渍，绿色设计选择
橡胶地砖	通常素色或为仿大理石花纹，吸音、耐用、防滑，打湿后安全	适用于厨房、浴室及任何通行量大的商业环境
橡胶卷材	素色或仿大理石纹装饰的，耐用、防滑，打湿后安全	适用于通行量大的区域
聚乙烯合成地胶贴合板	用途广泛、造价低廉的地面材料，抗污并且铺设方便，坚硬、声响大，背面可能带有黏合剂	可用在任何室内环境

材料	特性	用途
带软背垫聚乙烯	具有细颗粒表面，不显缝隙，背面带有软垫，使得该材料具有弹性，可能会扯裂或有压痕	可用在任何需要的居住环境
聚乙烯薄卷材	水平铺设，仅需在边缘部分使用黏合剂	可用在任何需要的居住环境
聚乙烯地砖	坚硬、无孔、抗污、耐用，干净的色彩或一些特殊效果，包括半透明或三维效果；聚乙烯含量越高，则样式和色彩种类越丰富	多用途；根据聚乙烯的等级可应用到任何环境

室内地面采用了塑胶及木地板，兼顾了审美与使用功能。

图 4-36　丹麦某幼儿园

　　常用的楼地面饰面材料有石材、地砖、地板、地毯、地坪漆、地板漆、自流平、金刚砂地坪等。

　　常用的室内楼地面石材主要包括花岗岩、大理石、板岩等，适合使用在人流量较大的室内空间如医院大厅、商业中心、展览中心、客运中心等。其地面强度高，耐磨性好，清洁方便，且具有良好的装饰效果，特别是大理石，早在古希腊和古罗马时期就已经广泛用于地面铺设，许多大型公共建筑如浴场、法院、图书馆的地面就采用大理石拼花设计，图案主题多样，色彩组合自然，装饰纹样精美。

　　地砖的花色品种很多，可供选择的余地很大，是目前室内最为常用的地面装饰材料之一，按材质可分为釉面砖、通体砖、抛光砖、玻化砖等。地砖质地坚硬、耐磨性好、易于清理、耐酸碱、不渗水，表面施釉后，还具有良好的装饰效果。釉面砖沉稳古朴，表面肌理自然，非常适合使用在中式、欧式等空间；玻化砖色调明快、表面光洁，非常适合使用在现代风格空间；花砖创意新颖、气质不俗，非常适合使用在主题式空间，起到画龙点睛的作用。

地板由于其温暖的脚感、自然的纹理、柔和的色彩，成为卧室、书房等空间的地面材料首选，在办公、娱乐等空间也有着广泛的应用。地板主要包括实木地板、实木复合地板、强化地板、软木地板、竹地板等。实木地板由天然木材经烘干、加工后形成，是一种纯实木的地板，因此具有木材自然生长的纹理，属于热的不良导体，冬暖夏凉，脚感舒适，使用安全，一般不直接铺设在地面基层，而是通过企口拼接的方式整体固定在地龙骨上，此外，可以通过在基层地面铺设防潮垫、在地龙骨之间填充防虫粉的方式，避免实木地板受潮、变形和虫蛀。实木复合地板是以珍贵树种的天然木材为表层，以材质较差的天然木材为芯层，经高温交错层压而成的多层结构地板，在一定程度上克服了实木地板湿胀干缩的缺点，结构更加坚韧稳定，并保留了实木地板的自然纹理和舒适脚感。可以说，实木复合地板兼具了实木地板的自然美观性与强化地板的平整稳定性，翘曲变形小，保养方便，安装无须地龙骨，非常方便，而且也更具环保方面的优势。强化地板一般由耐磨层、装饰层、高密度基材层、防潮层四层材料复合组成，作为一种复合材料，强化地板在许多性能上都优于实木地板。强化地板表层为耐磨层，它由分布均匀的三氧化二铝构成，硬度很高，更加耐磨、抗冲击、抗污。装饰层一般采用电脑进行仿木材花纹设计，因而也可以满足个性化设计需要。基材采用速生林木材，成本较实木地板低廉，同时可以规模化生产，性价比相对较高。软木地板是把软木颗粒压制成规格的片块，表面为透明树脂耐磨层，下面为 PVC 防潮层。与实木地板相比，软木地板更具环保性、隔音性，防潮效果也更好，并有着极为舒适的脚感。软木地板柔软、安静、舒适、耐磨，尤其对老人和小孩来说，是一种带有保护性的地板材料，其独有的隔音效果和保温性能也非常适合卧室、会议室、图书馆、录音棚等空间场所。

地毯是最为常见的地面材料之一，样式和材质种类非常多（表 4-9），装饰效果佳，并有良好的吸音、隔音、防潮、防寒、保温特性，广泛应用于住宅、酒店、剧场、报告厅、会议室、展厅等室内空间。

表 4-9　地毯材质

类别	羊毛	尼龙	聚丙烯	聚酯	丙烯酸
原料	天然羊毛，长纤维编织的地毯质量优于短纤维编织的地毯	苯酚、氢、氧和氮合成的人造纤维	改良的石蜡	由二羧酸和二羟醇经化学反应后形成	丙烯腈合成纤维
优点	耐用性好，有弹性，可染色，可制成高档工艺地毯	应用最为广泛，坚韧耐用、有弹性、抗磨损、不褪色、质感好、抗霉抗虫，耐火性良	质轻、便宜、耐用牢固，不起球、不起毛、抗磨损，耐腐蚀，可作人造草皮	耐用，易染色，较柔软，不发霉，抗虫蛀，不会引起过敏反应，不吸水，不起球、不起毛	与羊毛非常相似，质感柔软温暖，可以和羊毛混纺

类别	羊毛	尼龙	聚丙烯	聚酯	丙烯酸
缺点	有天然气味，可能使部分人群产生过敏反应，须进行防蛀虫处理，表层绒面易起绒或起球	质量不好的易产生静电，吸附灰尘，质感粗糙，有光泽	较硬，易破碎、老化、易沾染污渍	易破碎，易变形，缺乏温暖感，易沾上油污	弹性稍差，易缠结、起球、起毛，寿命较短，易沾上油污且不易清洗
维护保养	定期吸尘，有污渍应立即清洗，宜进行专业干洗	定期吸尘，易清洗，各种洗涤方式都可	定期吸尘，容易洗涤	定期吸尘，可用水洗涤	定期吸尘，有污渍应立即清洗，小心水洗
经济性	成本和维护费用都高	成本中等，维护费用不高	成本较低，维护费用不高	成本偏高，维护费用不高	成本和维护费用中等

地坪漆、地板漆、自流平、金刚砂地坪等这一类材料，看起来都较为相似，装饰风格也较为接近，普遍具有耐磨抗压、防尘防潮、表面坚硬、容易清洁、经济耐用等优点（表4-10），广泛应用在一些防尘要求相对较高的室内空间，如工业厂房、商业卖场、物流仓库、停车场、办公室、展厅、医院等（图4-37）。

表4-10 常用地面涂料比较

涂料名称	主要成膜物质	优点	缺点
环氧树脂地面厚质涂料	环氧树脂	涂膜坚硬，耐水、耐磨、耐腐蚀、耐久，与水泥基层黏结力强	施工操作较复杂
聚氨酯地面涂料	聚氨酯预聚体	弹性好，脚感舒适，耐水、耐磨耐腐蚀，与水泥基体黏性好	易燃
丙烯酸酯-硅树脂地面涂料	丙烯酸酯树脂和硅树脂复合产物	耐水、耐刷洗、耐磨，渗透力较强、黏结牢固，施工方便	
聚氨酯-丙烯酸酯地面涂料	聚氨酯-丙烯酸酯树脂溶液	耐磨、耐酸碱腐蚀、耐水、表面有瓷砖的光泽感	基层表面需坚实、平整、干净、干燥
过氯乙烯水泥地面涂料	过氯乙烯树脂	施工简便，干燥快速，耐水、耐磨、耐化学腐蚀	易燃、有毒

图4-37 环氧树脂地坪漆构造示意图

③ 顶棚面饰面材料

不同于墙柱面和楼地面，顶棚面设计更侧重于空间层次的表现，以及与灯具、管道、设备等之间在构造上的充分协调（图 4-38）。因此在材料的选择上，应考虑自重较轻、整体性效果较好的面层材料，如涂料、壁纸、石膏板材、金属板材、金属挂片、复合板材、镜面等。

该餐厅由一家古老银行的大堂改造而来，布满条纹的木质天花板蔓延了整个就餐空间，使空间呈现出流动的动感，家具则被排列成长方形，与流线型的天花形成鲜明的对比。天花设计的建模是通过 Rhino 软件完成的，借助于这个软件，设计师顺着原有建筑结构和设施的轮廓，将天花板包裹起来。通过这种方式，设计师使用了一系列边缘参差不齐的导向板，将这些导向板插在一系列横梁上面，然后再将其固定在合适的位置。

图 4-38 波士顿一处独具现代气息的餐厅

在我国，乳胶漆是顶棚面一种最为常用的饰面材料，无论是在住宅空间还是公共空间都有着广泛的应用，它经常与纸面石膏板一起使用，创造出造型多样、层次丰富、形式统一的顶棚面形态。相比于传统的涂料，乳胶漆具有涂刷方便、色彩丰富、干燥迅速、漆膜耐水、施工效率高、耐擦洗性好等众多优点。

矿棉板主要是以矿物纤维棉为原料制成，具有吸声、不燃、隔热、装饰等优越性能，广泛用于各种室内吊顶，特别是有吸声要求的空间，如办公室、会议室、学校、剧场、饭店、演播厅等（图 4-39）。它能控制和调整混响时间，改善室内音质，降低噪音，同时，矿棉板以不燃的矿棉为主要原料制成，是一种理想的防火吊顶材料，可以很好地满足建筑设计的防火要求。此外，矿棉板表面处理形式丰富，有滚花和浮雕等多种形式，装饰效果良好。

在学校、办公室、医院等公共空间内，矿棉板是一种最为常用的吊顶饰面材料。

图 4-39　智利某小学教室室内空间

　　铝方通是近些年来较为风靡的一类吊顶材料，特别是在一些大跨度、大尺度的现代室内空间中（图 4-40），它有着其他材料无可比拟的优势，比如在全国各地的高铁站候车大厅、城市地铁车站、机场候机室等人流密集的场所到处可以看到铝方通。由于铝方通是通透式的，便于室内空气的流通、排气和散热，也可以把灯具、空调系统、消防设备很好地协调于吊顶内，达到整体一致的视觉审美效果。此外，铝方通安装简单，维护同样也很方便，由于每条铝方通是单独的，因而可以随意安装和拆卸，无须特殊工具，方便维护和保养。对于设计师来说，铝方通是一种可以发挥更为广阔构想空间的材料，不同的高低、疏密、色彩搭配及特殊拉弯处理，令设计千变万化，可创造出更加独特的室内空间。

图 4-40　在人流较为密集的大厅空间中铝方通是一种良好的天花吊顶材料

　　铝扣板是以铝合金板材为基底，表面使用各种不同涂层加工得到的一类吊顶材料，因其颜色丰富、装饰性强、耐候性好、安装简单等优点而被广泛应用于室内吊顶，特别是有防潮要求的空间，潮气可以透过表面冲孔被内部的薄膜软垫吸收。铝扣板主要有条形板和方形板两类，对于面积较小的空间，可以选择条形板，以使空间显得开阔，而面积较大的空间，则可以考虑采用方形板。无论哪种形状的铝扣板，都可以通过色彩的选择和变化来达到装饰的效果。

长城板得名于它的横截面像长城，即仿照长城台墩起伏的样式加工而成，内部带有凹槽、两边带有卡槽的装饰板材。它并不是一种真正意义上的木质板材，而是由 PVC 塑料、木粉、填充料及其他功能助剂制成。其耐老化、耐酸碱、抗虫蛀、耐油污、易清洁，并具有良好的抗压、抗冲击等物理机械性能和良好的再加工性。长城板有着木材的质感，自重轻、装饰性好，是一种理想的吊顶饰面材料，每一条长城板之间通过自身两边的卡槽相互拼接，并形成不断凹凸重复排列的界面装饰效果。

④ 家具饰面材料

家具往往在空间中起着画龙点睛的作用，比较重要的是台面、门面和座面。台面需要有一定的承载力和抗冲击强度，还要耐磨和易清洁，当然美观性也必不可少，常用的饰面材料有人造石、大理石、不锈钢、免漆板、防火板、玻璃等。家具门是储物型家具的重要部件，其样式和用材直接决定了家具的风格，常用的饰面材料有实木门板、高密度烤漆板、颗粒板、无框玻璃、有框玻璃、织物或皮质包面等。座面是坐卧类家具的主要支撑面，和人体接触频繁，因此饰面材料应注重柔和舒适的质感，常用的饰面材料有织物、皮革、布艺、木质、塑料等。

第三节　室内细部构造

所谓细部构造就是进行室内设计时，落实设计构思的具体措施、原理和方法，在进行界面造型设计、装饰材料选择的同时，重点解决不同材料、不同造型、不同界面之间的交接处理方式。贝聿铭先生就曾说过："一个好的设计不仅要有好的构思，而且细部要到位。"郑曙旸先生在《室内设计思维与方法》一书中极形象地描述道："构造与细部无疑是最能够体现设计概念和方案表达的专业技术语言，这是由室内空间自身的特点所决定的。由界面围合的室内空间犹如搭建的一座舞台，没有布景、道具和演员，这台戏是唱不起来的。即使所有的配置都已齐全，演出的剧情没有细节铺垫也是极不耐看的。"细部在很大程度上是通过合理优良的构造体系表达出来的，传递了一种界面处理最合理的逻辑关系，是创造室内空间理性美感的重要技术手段。陈镌也在《建筑细部设计》一书中写道："细部设计是相对于围合整个室内空间实体界面的整体而言，而整个室内空间又往往是通过各个结构实体的细部来实现的。"由此可见，实体界面的细部设计虽不是室内设计的最终目的，但它可以使功能更趋合理，使构造更加稳固，使形式更具美感，让材料、经济、技术、功能、审美等关系真正实现协调与统一。事实上，无论是东方的木质建筑还是西方的石材建筑，细部永远是能工巧匠施展才华的绝佳之处，从古希腊理性严谨的柱式到中世纪动感空灵的飞扶壁，从古巴比伦色彩艳丽的马赛克饰面到古代中国繁复精美的牛腿雕饰，处处体现细部构造的艺术与技术融合之美。

1. 细部构造的设计要求

室内细部构造的设计涉及建筑主体、结构基础、设施设备、材料应用、施工技术、艺术审美、各专业的协调等多层因素，综合性非常强，因此，在实际工作中还应考量以下几个方面的设计要求。

（1）安全稳固的细部构造是前提

对于室内空间的使用者来说，环境的安全性是其首要考虑的问题，而各界面细部构造的安全性与稳固性显得尤为重要，特别是在天花、墙面等部位。这就要求细部构造的连接点需要有足够的强度，以承受装饰构件与主体结构之间产生的各种荷载，同时，装饰构件之间、材料（面层材料、基层材料与骨架材料）之间也需要有足够的强度和刚度以保证细部构造本身的稳固性。此外，为了保证建筑主体结构的绝对安全，在某些情形下，比如改变原有空间的功能用途，就需要重新计算装饰构件与主体结构之间的荷载，确保万无一失。

（2）材料使用的真谛在于合适

材料对于空间来说好比衣服对于人，价格是其次，合身最为重要，材料的使用也是如此。合适的用材可以彰显空间的视觉审美效果，并有效地控制工程造价，保证工程质量（图4-41）。随着各种新型装饰材料不断涌现，设计师应该时常保持学习的状态，熟悉和掌握各种新材料的特性，扩充自身的"材料信息资源库"，并在设计的过程中加以合理化利用。

木材是一种应用历史十分悠久的材料，在现代室内空间设计中仍然被大量使用。

图4-41 材料的应用贵在合适

（3）装配化施工是必然发展趋势

装配化施工的构造形式，具有模数化、机械化、批量化及一体化等优点，在欧美一些国家的应用已较为普遍，也必将是我国室内装饰行业现代化和产业化的发展趋势。装配化施工实行工厂生产、工地装配的模式，逐步淘汰施工现场制作的方式，使施工更加规范、精确和高效。

（4）细部构造应方便施工与维修

细部构造形式应充分考虑施工上的可操作性与便利性，力求制作简单，同时也要方便各专业之间的沟通与协调，以充分保证施工质量。此外，还必须认真细致地考虑构造的基层内部各类管线、设备的具体布置与线路走向，并预留好检修口位置，以方便日后检查和维修（图4-42）。

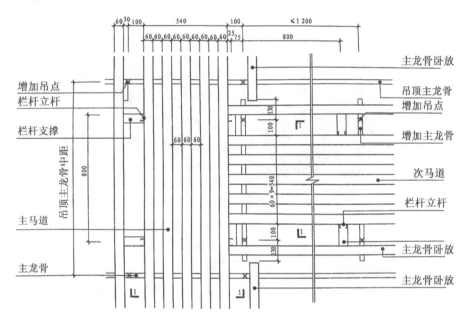

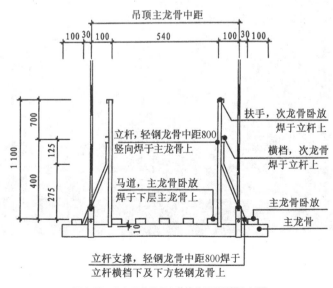

图4-42 上人天花吊顶中的检修马道平面与剖面

（5） 应考虑工程造价等限制因素

细部构造采用不同的饰面材料、不同的构造形式，最终的工程造价也会完全不同，因此，在预算范围内选择合理的装饰材料与构造形式，优化装饰功能和审美效果，是设计师应遵循的重要原则之一。

（6） 细部构造应体现设计美感

合理而富有结构逻辑的细部构造形态本身就会体现出一种美，比如在密斯的作品中，处处可以看到这种理性主义之美。而对于一个室内设计师来说，真正要做的就是在保证安全、满足功能、符合预算的同时，积极创造出结构合理、逻辑明确、比例协调、色彩和谐、质感适宜、工艺精致的构造形态（图 4-43 和图 4-44）。

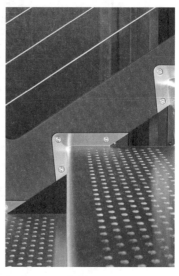

图 4-43　室内的金属构件处处彰显着设计与工艺的细节之美

在设计中，很多时候设计师需要重点考虑的就是类似这样的收边和收口问题，其处理的得当与否，直接关系到工程完工的最终效果。

图 4-44　木地板与釉面地砖交接部位的收口处理

2．典型细部构造方式

室内细部构造的具体做法，根据生产方式大致可以分为现场制作构造法和现场装配构造法两种。现场制作构造法是指在施工现场根据设计图纸制作、安装的构造方法，它是传统室内装饰工程最常见的生产方式。而现场装配构造法是指将成品部件、成品模块、成品材料在施工现场直接连接和组装的构造方法，具有模数化、机械化、批量化及一体化等诸多优点，是现代工业化的必然发展趋势。虽然根据不同的空间界面部位，细部构造的形式和种类多样，但其基本的构造原理还是相似的，那就是通过一定的连接方式，无论是钉接、胶粘，还是吊挂，都是把基层与面层牢固地结合在一起，并整体固定在原有建筑结构上。作为设计师，熟悉和掌握室内常用的典型细部构造方法，将有助于概念方案的深化与落地，是从图纸迈向实物的重要一步。

（1）吊挂式构造

吊挂式构造一般用于天花吊顶，即采用木质或金属吊件将装饰面板吊挂在龙骨骨架下方的方式，其基本构造主要分为预埋件及吊杆、基层、面层三个部分（图4-45）。预埋件是楼板与吊杆之间的连接件，起到连接固定、承受拉力的作用，吊杆可采用钢筋、型钢、木方、镀锌钢丝等材料。基层即骨架层，是一个包括由主龙骨、次龙骨所形成的网格骨架体系，其主要作用是找平且形成稳固的结构连接层，确保面层铺设安装，较为常见的有木龙骨、轻钢龙骨、铝合金龙骨等。面层主要是装饰层，同时兼具相应的功能，所采用的材料种类很多，其中最为常用的是板材类，如石膏板、矿棉板、铝扣板等。

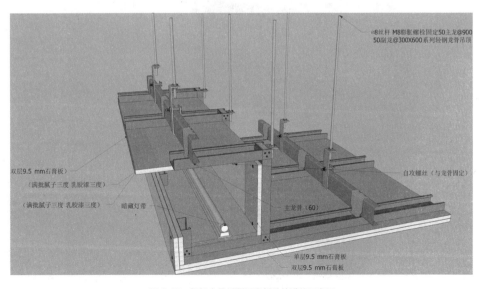

图4-45　轻钢龙骨纸面石膏板吊挂系统示意图

（2） 钉接式构造

钉接式构造是指采用螺钉或金属钉将饰面板材固定在基层上的一种构造方式，具有结合牢固、施工方便的特点，是现代木作构造、家具等常用的构造方式（图4-46）。需要特别注意的是，钉眼的处理方式（明钉或者暗钉），直接关系到装饰面层的整体视觉效果。

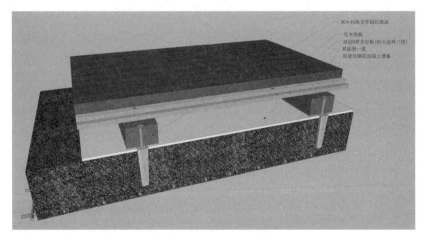

图 4-46　地面实木地板铺设构造示意图

（3） 粘贴式构造

粘贴式构造多用于墙柱面与地面，即把饰面材料直接用胶粘材料（水泥砂浆、云石胶、AB 胶等）固定在基层上，是一种较为传统、简单的构造形式，如墙纸、地砖、面砖、饰面板等就是直接粘贴在基层表面（图4-47）。有时为了确保粘贴构造更加可靠与牢固，也可以采用粘贴法与钉接法相结合的方式。

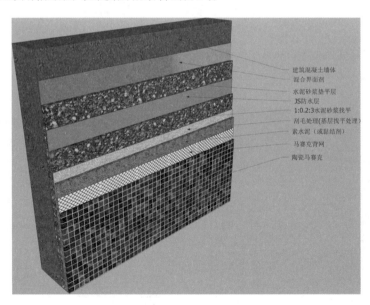

图 4-47　墙面马赛克粘贴构造示意图

（4）干挂式构造

干挂式构造又称螺栓和卡具固定式构造，这种方法不需要用水泥砂浆灌注或水泥镶贴，饰面板材直接用不锈钢连接件、角钢与埋在建筑结构内的膨胀螺栓相连而成，经常使用在石材、金属等饰面板材的安装上，具有结构稳定、造型挺括、细节精致、施工简便、利于拆换和维修等诸多优点（图4-48）。

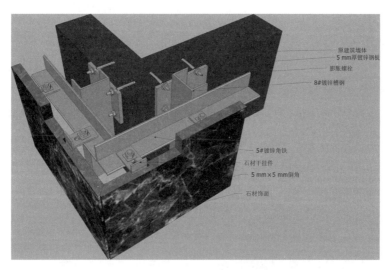

图4-48　墙面石材干挂系统构造示意图

（5）榫接式构造

过去的许多传统家具包括建筑本身，大多都是采用榫卯结构相连接的，这种结构互相结合、互相支撑，不但可以承受较大的荷载，而且允许产生一定的变形，使结构极富弹性。其主要构件是榫头和榫孔两部分，构造方式是将这两部分连接组合起来，榫构造有燕尾榫、圆榫、方榫、开口榫、闭口榫、贯通榫等多种形式，其对现代装饰中部品、部件的安装集成仍然有着相当大的借鉴意义（图4-49）。

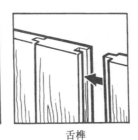

| 榫卯结合 | 暗榫 | 舌榫 | 燕尾榫 |

图4-49　木材的多种榫接方式

（6）综合式构造

在很多情况下，某个界面造型往往是多种构造方式综合应用的产物，表现在施工上更加灵活机动，在结构上更加安全可靠，在形态上更加丰富多变。因此，作为设计师，一方面我们要努力掌握装饰构造设计的基本原理与方法，另一方面也要积极探索和创造适合时代发展要求的新的构造形式。

3.墙柱面典型构造

室内墙柱面构造与墙面的具体用材密切相关,以下分别介绍涂料类、墙纸类、板材类、陶瓷类、石材类、软包与硬包类墙柱面的典型构造。

(1)涂料类

涂料类饰面简便经济,而且可以用电脑调配出丰富的色彩,在室内墙柱面装饰中应用极广。涂料施工主要有喷漆和滚漆两种方式。涂料的做法一般分为三层,即底层、中间层和面层。底层主要增加墙柱面基层与涂层之间的黏附力,同时也起到防潮封闭的作用。中间层是涂料饰面的成型层,其工艺要求是形成具有一定厚度、均匀饱满的涂层,以达到保护基层和所需的装饰效果。面层是涂料的最表面层,主要体现涂料的色彩、肌理和质感,为了保证涂层均匀一致,往往需要涂刷两遍以上(图4-50)。

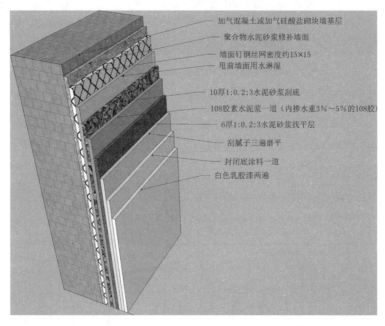

图4-50　乳胶漆墙面构造示意图

(2)墙纸类

现代墙纸的材质、花色和图案种类繁多,装饰效果强烈,和涂料一样,施工也较为简便,是最为常见的墙柱面饰面材料之一(图4-51和图4-52)。墙纸一般采用粘贴的方式固定在墙柱面基层上,要求基层表面平整、光洁并具有一定的强度。在对要求对花的墙纸进行裁剪时,其裁剪长度要比墙高出15 cm左右,以适应对花粘贴的要求。墙纸一般可以粘贴在抹灰基层、石膏板基层、胶合板基层之上。

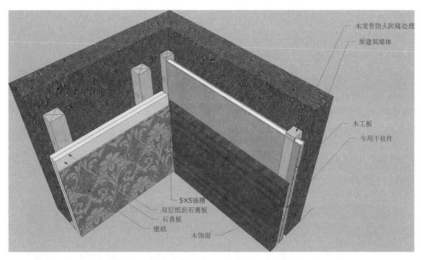

图 4-51 墙纸与木饰面交接部位构造示意图

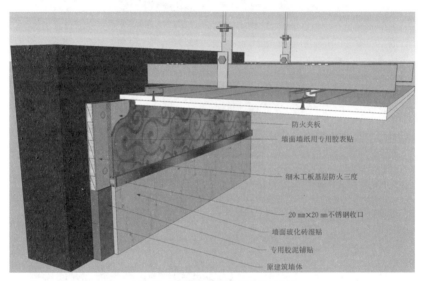

图 4-52 墙纸与墙砖交接部位构造示意图

（3） 板材类

墙柱面装饰板材种类很多，最为常用的主要有木饰面板材、金属饰面板材及合成装饰板材（图 4-53 和图 4-54）。

① 木饰面板

常见的木饰面板就是将实木板精密刨切成厚度为 0.2 mm 的微薄木皮，并将其胶粘在胶合板基材上所形成的一种装饰板材，厚度为 3 mm，板材一般规格为 1 220 mm × 2 440 mm。在施工现场，可以根据设计具体尺寸要求进行裁切、拼接、弯曲等工艺操作。

② 金属饰面板

金属饰面板因其卓越的表面耐候性与外形挺括性，被广泛应用于现代室内空间墙柱面装饰。常见的金属饰面板包括不锈钢板、铝合金板、烤漆钢板、复合钢板等。

③ 合成装饰板

常用的合成装饰板主要有三聚氰胺板（俗称免漆板）、防火板等。三聚氰胺板是一种典型的人造板材，其最表层是一层仿木纹的装饰纸，热压在刨花板、中密度板或硬质纤维板等基材板上成型。防火板采用硅质和钙质材料作为主要原料制成，常见厚度一般有 0.8 mm，1 mm，1.2 mm，不仅具有耐火的特性，同时也有良好的表面装饰效果，广泛应用于公共空间内的墙柱面饰面，其施工一般采用万能胶直接粘贴在木基层板（细木工板、密度板、胶合板等）上的方式。

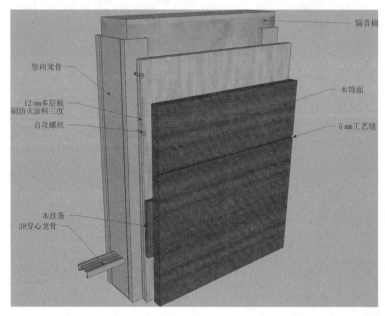

图 4-53　饰面板墙面构造示意图

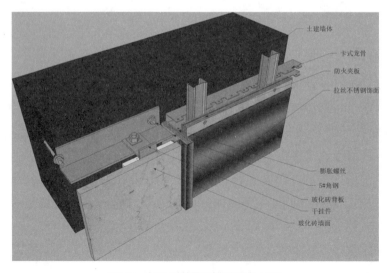

图 4-54　金属与砖墙面交接部位构造示意图

（4） 陶瓷类

陶瓷是一种历史非常悠久的墙柱面饰面材料，取材方便、施工简单、易于清洁、装饰性好，并具有良好的理化性能，特别是可以应用在一些潮湿的墙柱面部位（图 4-55）。最常用的陶瓷类有釉面砖（即俗称的瓷砖）、陶瓷锦砖（马赛克）及各类面砖等。施工上基本都采用水泥砂浆铺贴的方式，构造做法较为简单：先在墙面基层抹底灰，分两遍抹平，然后做黏结砂浆层，厚度不小于 10 mm，砂浆可以用 1 ∶ 2.5 水泥砂浆，接下来铺贴面砖，并用 1 ∶ 1 水泥细砂浆填缝，最后用白水泥勾缝，清理面砖表面。

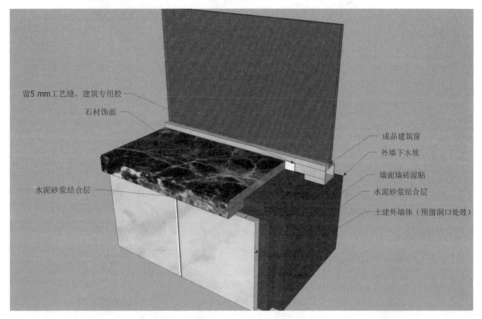

图 4-55　石材窗台板与墙砖交接部位构造示意图

（5） 石材类

石材有天然和人造之分，天然石材主要有大理石、花岗岩、青石、砂岩等，人造石材主要有文化石、微晶石等，它们的饰面构造做法既有共同之处也有各自的差异。由于石材自重较大，因此在构造上确保稳固性显得非常重要，目前通用构造做法主要有砂浆固定法、树脂胶粘贴法、灌挂固定法及干挂法等方法（图 4-56 和图 4-57）。

图 4-56　石材包柱构造做法示意图

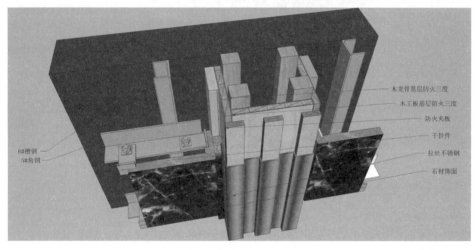

图 4-57　墙面石材与金属交接部位构造示意图

（6）软包与硬包类

软包与硬包饰面非常适合于墙面的主题性装饰，特别是软包墙面，不仅视觉风格突出，具有一定的吸声能力，而且触感柔软舒适，可以广泛应用于住宅、影视厅、餐厅等室内空间墙面装饰。其基本构造可分为底层、吸声层和面层三大部分（图 4-58 和图 4-59）。

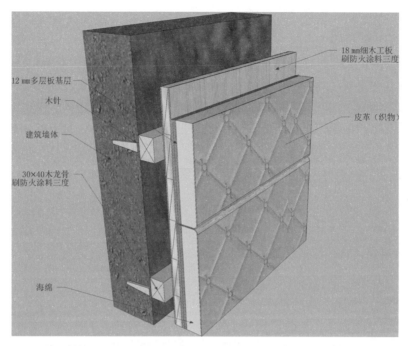

图 4-58　墙面软包构造示意图

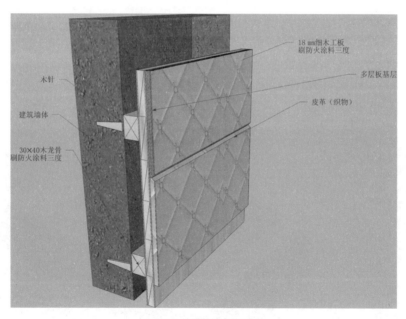

图 4-59　墙面硬包构造示意图

4. 楼地面典型构造

楼地面经常受到人与物的摩擦、冲击和压力，因此地面材料与构造应具备相当的强度、刚度和耐磨性，特别是在人流较为密集的公共空间。楼地面常用的饰面材料主要有地砖、石材、木地板、地毯及塑胶地板等。

（1）地砖楼地面

地砖种类繁多，图案、色彩丰富，主要有釉面砖、通体砖、抛光砖、玻化砖、陶瓷锦砖等品种（图4-60和图4-61）。地砖的铺设一般可以分为以下主要步骤：

① 试拼。即按照图纸的设计要求，对房间的地砖按图案、颜色、纹理等进行试拼，并按照一定的方向排序，编号后放置整齐。

② 弹线。先按照"五米线"找水平，弹击互相垂直的控制十字线，以便检查和控制地砖的水平、垂直、位置等。

③ 试排。在房间两个相互垂直的方向铺干砂试排，检查地砖的缝隙，核对它们与墙柱的相对位置。

④ 清理基层。将地面基层清理干净，地面洒水湿润，撒一遍水泥灰，以提高与基层的粘贴能力。

⑤ 铺砂浆。将1:3干硬性水泥砂浆自房间内部向门口摊铺。

⑥ 铺地砖。铺设前，地砖应先浸水湿润，接着按编号在干性水泥砂浆上试铺，然后再拿起地砖，在地砖背面抹上一层素水泥浆，再铺贴，同时用橡胶锤轻轻敲击地砖，并随时用水平尺校平。

⑦ 灌浆擦缝。地砖铺完24小时后必须进行洒水养护，并进行灌浆擦缝。

⑧ 清洁打蜡。对清洁后的地砖进行打蜡，使其光洁明亮。

⑨ 验收。地砖表面应平整洁净，接缝应平直，宽窄应均匀一致，图案应对接整齐，地砖应无缺棱掉角的现象。拉线检查误差应小于2 mm。

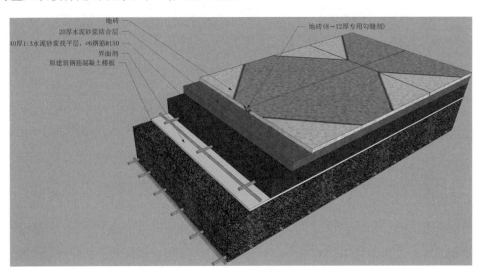

图 4-60　普通地砖楼地面构造示意图

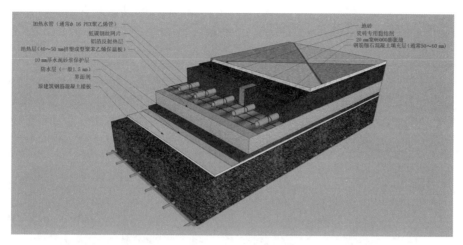

图 4-61　铺设地暖（水暖）的地砖楼地面构造示意图

（2）石材楼地面

石材楼地面铺设的基本构造为，首先清理地面基层，之后在基层表面刷一道素水泥浆，随即铺 20 mm 厚的 1∶3 干性水泥砂浆找平层，然后按照定位线铺设石材，待干硬后再用白水泥浆勾缝嵌实，最后清理干净（图 4-62）。

图 4-62　石材楼地面构造示意图

（3）木地板楼地面

木地板楼地面是一种传统的地面装饰，具有自重轻、保温性好、脚感舒适等优点，按照使用材料的不同，大致可以分为实木地板、实木复合地板、强化地板、软木地板及竹木地板几类（图 4-63 和图 4-64）。其铺设构造形式主要有实铺式和架空式两种。实铺式最为简单，无须做地面木龙骨，而是直接将地板铺设在地面基层上。架空式则稍显复杂，地板铺设前要先做地面木龙骨。木龙骨间距 400 mm 左右，在木龙骨之间，为了增加稳固性，应设横撑，间距 800 mm 左右。木龙骨与地面基层应连接牢固，可采用地面打孔埋入木楔的方式，或者在找平层预埋螺栓的方式进行固定，固定点间距 600 mm

左右。此外，为了改善保温、隔声、防潮、防虫等效果，可以在龙骨之间填充矿棉毡、石灰炉渣、防虫剂等。

木地板的拼缝形式一般有企口缝、截口缝及压口缝等。木地板与墙面交接的部位应留 8 mm 左右宽的缝隙，以满足木地板热胀冷缩的需要，缝隙由墙面踢脚板盖缝处理。

图 4-63　楼地面强化地板铺设构造示意图

图 4-64　楼地面木地板与石材交接部位构造示意图

（4）地毯楼地面

地毯是以棉、麻、毛、丝、草等天然纤维或化学合成纤维类原料，经手工或机械工艺进行编结、裁绒或纺织而成的地面铺设物，具有良好的装饰、吸声和脚感效果，一般多用于中高档室内楼地面饰面（图 4-65）。其铺设可分为满铺和局部铺设两种，铺设方式有不固定和固定两种（图 4-66）。不固定铺设方式简单，更换方便，更适用于地面的局部铺设。固定式铺设方式有两种，一种是采用倒刺条固定，另一种是采用胶粘贴固定，固定式铺设方式更适用于地面满铺，可以取得更为统一的空间装饰效果。

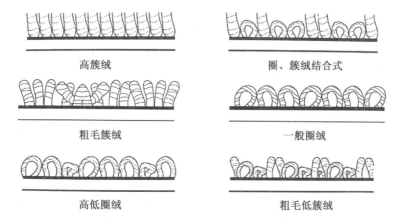

高簇绒　　　　　　　　　　圈、簇绒结合式

粗毛簇绒　　　　　　　　　一般圈绒

高低圈绒　　　　　　　　　粗毛低簇绒

图4-65　地毯的断面形状示意图

地毯专用胶垫
水泥自流平
30厚1:3水泥砂浆找平层
界面剂
原建筑钢筋混凝土楼板

图4-66　楼地面地毯铺设构造示意图

（5）塑胶地板楼地面

塑胶地板弹性好、脚感舒适、耐磨易清洁、色彩丰富，是一种良好的地面饰面材料，适用于家庭、医院、学校、办公楼、超市、商业、体育场馆等各种场所。其铺贴方式主要采用胶粘铺贴法，铺贴前要求基层表面干燥、平整，无灰尘，铺贴采用胶粘剂与基层固定，铺贴后用橡胶滚筒滚压，使表面平整、挺括，最后进行清理、打蜡和保养（图4-67）。

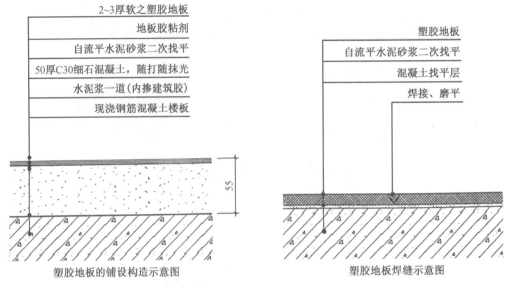

2~3厚软之塑胶地板
地板胶粘剂
自流平水泥砂浆二次找平
50厚C30细石混凝土，随打随抹光
水泥浆一道（内掺建筑胶）
现浇钢筋混凝土楼板

塑胶地板的铺设构造示意图

塑胶地板
自流平水泥砂浆二次找平
混凝土找平层
焊接、磨平

塑胶地板焊缝示意图

图4-67 塑胶地板相关构造

5. 顶棚面典型构造

顶棚面位于室内空间的顶部，其构造的安全性和稳固性极为关键，是现代室内空间设计中的重要内容。顶棚面也是各类灯具、管网、设备等的所在界面，对于改善室内光环境、声环境、暖通环境，满足消防要求，提高室内环境的舒适性和安全性起着至关重要的作用（图4-68）。按照装饰面层与基层的关系，顶棚面构造可以分为直接式和悬吊式两大类。

图4-68 铝方通顶棚造型

（1）直接式顶棚面构造

直接式顶棚是指直接在楼板表面进行装饰的一种构造方式，形式简单、施工便捷、造价较低，室内空间高度得以充分利用，但管线设备、设施无法得到有效遮蔽，因此，这类顶棚比较适用于层高较低或者只需要简单装修的室内空间。当然，在有些特定设计风格的室内空间，直接式顶棚不失为一种很好的选择，比如工业风室内设计风格：暴露式的原始建筑楼板结构，巨大的新风系统风管，钢丝悬挂式金属质感的吊灯及消防、空调、桥架等设备管网，无不诠释着粗犷、奔放的机器工业式美学（图4-69）。

图 4-69 工业风的室内空间采用直接式顶棚，将管道和设备完全暴露在外

直接式顶棚大致可以分为抹灰类、喷刷类、裱糊类、装饰板材类等类型，具体构造如图 4-70 所示。

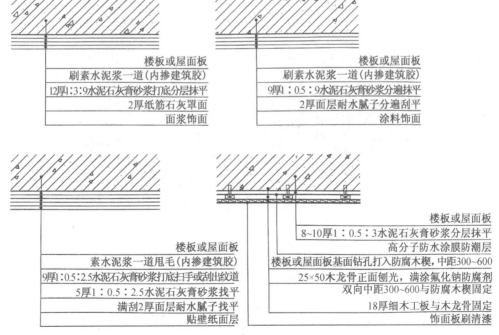

图 4-70 多种类型的直接式顶棚构造

（2） 悬吊式顶棚面构造

悬吊式顶棚较为适用于层高较高的室内空间，可以有效地隐藏管网与设备，满足顶棚面造型多样化的需要，取得良好的界面装饰效果，并能有效改善室内物理环境，创造舒适的功能性空间。

悬吊式顶棚一般由预埋件及吊杆、龙骨基层、装饰面层三个基本部分构成，构造原理并不算复杂，但对施工要求相对较高，需要协调各种空间功能要素。

① 预埋件及吊杆

所谓预埋件就是楼板与吊杆之间的连接件，主要起连接固定、承受拉力的作用。而吊杆主要是将顶棚的所有荷载传递到楼板上，根据承载的不同质量的顶棚，吊杆可以采用钢筋、型钢、木方、钢丝等多种材料。

② 龙骨基层

龙骨基层是由主龙骨、次龙骨所构成的网格状骨架体系，主要起到结构连接层的作用，能够保证装饰面层稳固地附着和安装在龙骨基层上，并将整体荷载通过吊杆传递给楼板。常用的龙骨基层主要有木龙骨基层、轻钢龙骨基层和铝合金龙骨基层等。

③ 装饰面层

装饰面层的主要作用是装饰空间界面，同时也兼具吸声、保温、防潮等多种功能，可以采用多种材料，一般可以分为抹灰类、裱糊类和板材类三种，其中最为常用的是板材类，材料规格和形式非常多，如纸面石膏板、矿棉板、硅钙板、铝合金板、铝扣板、铝方通、铝格栅等（图4-71 ～ 图4-73）。

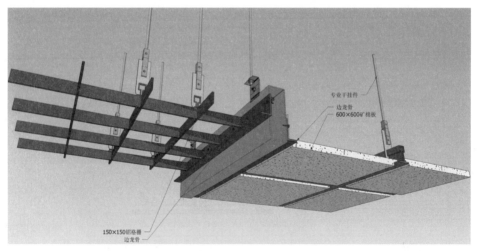

图 4-71　矿棉板与铝格栅相接部位构造示意图

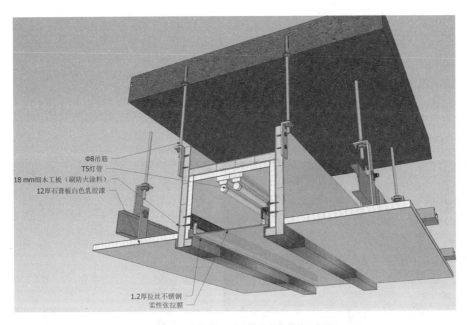

Φ8吊筋
T5灯管
18 mm细木工板（刷防火涂料）
12厚石膏板白色乳胶漆

1.2厚拉丝不锈钢
柔性张拉膜

图 4-72　天花软膜与石膏板相接部位构造示意图

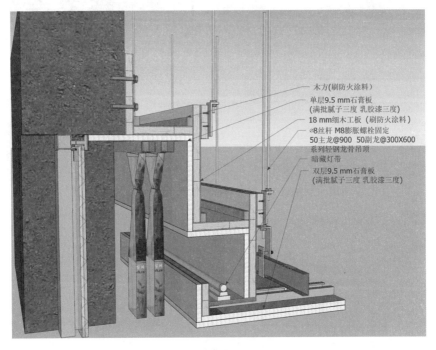

木方(刷防火涂料)
单层9.5 mm石膏板
(满批腻子三度 乳胶漆三度)
18 mm细木工板（刷防火涂料）
∅8丝杆 M8膨胀螺栓固定
50主龙@900　50副龙@300X600
系列轻钢龙骨吊顶
暗藏灯带
双层9.5 mm石膏板
(满批腻子三度 乳胶漆三度)

图 4-73　暗藏灯带窗帘盒构造示意图

第四节　室内设备应用

当进入一个现代化的公共室内空间，我们几乎看不到错综复杂的水电管网布置与相应的暖通、消防、桥架等专业设备，但它们却真实地存在。事实上，在较大型和复杂的室内空间，这方面的技术问题显得尤为重要，对室内设计有着巨大的影响，直接关系到室内环境的安全性与舒适性（图4-74）。从某种意义上来说，这时的室内设计师起着指挥中枢的作用，既要具备水电风相关的专业知识，也要积极协调与建筑师、工程师及设备供应商等各方的关系，共同解决专业之间的衔接矛盾（表4-11），最终创造出一个完美的室内空间环境。

图4-74　某大型酒店巨大的中厅空间是室内设计与其他相关专业共同衔接与协调的结果

表4-11　室内设计所涉及的专业系统与协调要点

专业系统	协调要点	与之协调的工种
建筑系统	① 建筑室内空间的功能要求； ② 空间形体的修正与完善； ③ 空间气氛与意境的创造； ④ 与建筑艺术风格的总体协调	建筑
结构系统	① 室内墙面及顶棚中外露结构部件的利用； ② 吊顶标高与结构标高（设备层净高）的关系； ③ 室内悬挂物与结构构件固定的方式； ④ 墙面开洞处承重结构的可能性分析	结构
照明系统	① 室内顶棚设计与灯具布置、照度要求的关系； ② 室内墙面设计与灯具布置、照明方式的关系； ③ 室内墙面设计与配电箱的布置； ④ 室内地面设计与脚灯的布置	电气
空调系统	① 室内顶棚设计与空调送风口的布置； ② 室内墙面设计与空调回风口的布置； ③ 室内陈设与各类独立设置的空调设备的关系； ④ 出入口装修设计与冷风幕设备布置的关系	设备（暖通）
供暖系统	① 室内墙面设计与水暖设备的布置； ② 室内顶棚设计与供热风系统的布置； ③ 出入口装修设计与热风幕的布置	设备（暖通）

专业系统	协调要点	与之协调的工种
给排水系统	① 卫生间设计与各类卫生洁具的布置与选型； ② 室内喷水池瀑布设计与循环水系统的设置	设备 （给排水）
消防系统	① 室内顶棚设计与烟感报警器的布置； ② 室内顶棚设计与喷淋头、水幕的布置； ③ 室内墙面设计与消火栓箱布置的关系； ④ 起装饰部件作用的轻便灭火器的选用与布置	设备 （给排水）
交通系统	① 室内墙面设计与电梯门洞的装修处理； ② 室内地面及墙面设计与自动步道的装修处理； ③ 室内墙面设计与自动扶梯的装修处理； ④ 室内坡道等无障碍设施的装修处理	建筑、电气
广播电视系统	① 室内顶棚设计与扬声器的布置； ② 室内闭路电视和各种信息播放系统的布置方式	电气
标志广告系统	① 室内空间中标志或标志灯箱的造型与布置； ② 室内空间中广告或广告灯箱、广告物件的造型与布置	建筑、电气
陈设艺术系统	① 家具、地毯使用功能配置、造型、风格、样式的确定； ② 室内绿化的配置方式的品种确定，日常管理方式； ③ 室内特殊音响效果、气味效果等的设置方式； ④ 室内环境艺术作品（绘画、壁饰、雕塑、摄影等艺术作品）的选用和布置； ⑤ 其他室内物件（垃圾筒、烟具、茶具等）的配置	相对独立，可由室内设计专业独立构思或挑选艺术品，委托艺术家创作配套作品

1. 与给排水、消防系统的协调

水在室内空间必不可少，这就需要从建筑外部引入水，我们称之为给水。给水有生活给水、生产给水和消防给水等。同样，使用后的废水（也包括雨水）需要从建筑内部排出室外，我们称之为排水。排水有生活排水、生产排水和雨水排水等。

在现实的室内设计中，由于空间功能的调整，经常会涉及给排水管路改造的问题，而充分了解原建筑设计中给排水管路布置走向就显得非常重要，以确保后续管道系统的顺利调整和变更。一般来说，新增给水管较为容易，因为给水管管径小，而且可以非常方便地藏于墙内、地板下或者吊顶内，也不需要考虑倾斜角度的问题。但排水管改造就相对较为困难，因为排水管管径较粗，且需要有一定的倾斜角度才能保证顺利排污，特别像卫生间的排污管。此外，每一根排水立管都需要连接一根通向室外的排气管，因此，涉及排污管的位置调整一定要慎重考虑，新设计的位置应尽可能接近原排水立管，以保证排污所需的合适坡度，并对上、下层相应位置的空间不造成破坏（图4-75）。

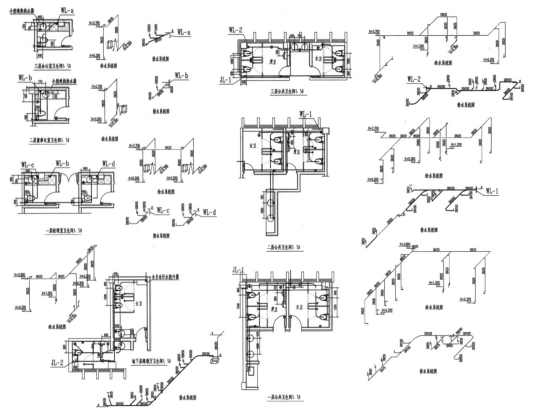

图 4-75　某市政府产业基金服务中心卫生间给排水详图

消防系统是室内设计过程中需要重点协调的对象，因为室内设计师所面对的是一个消防设备已经全部安装完成的项目，要进行这方面的调整则要面对极大的挑战。一是涉及经费的问题，牵涉到先拆除再安装的二次费用；二是有时室内设计在进行空间的二次分割时难免会改变原来的消防分区，而消防分区的调整要经过原建筑设计单位的认可并重新核算，还要重新上报相关机构审批，过程将会变得复杂许多。消防系统对吊顶设计的影响也很大，比如层高处理灯具的布置问题，以及与喷淋系统在构造上的衔接处理等。所以，作为室内设计师，掌握相关专业的基本知识是十分必要的，这直接决定了设计是否符合现行规范，是否能够保证使用安全。

2. 与电气控制系统的协调

对于建筑室内来说，电气控制系统主要有强电系统和弱电系统两类，是保证室内电力、通信、消防动力等的基础。强电系统主要包括电梯、照明、插座、电器、暖通、消防动力、应急照明等所需的电路系统；弱电系统主要包括网络、电话、监控、报警及其他低压电器设备所需的控制线路系统。一般来说，室内设计对各个空间的使用功能会考虑得更加细致，这就势必会对原来的建筑电气系统做较大范围的改造。比如照明系统，建筑电气设计基本是按照有关规定制定照度标准，根据相应的照度计算方法得出每个房间所需要的照明用电容量，其主要解决的问题仅仅是简单的照明。而室内设计的照明设计，更确切地说是灯光设计，主要是从灯光与室内空间、灯光与室内装饰及灯光与室内氛围的角度入手，以确定灯具的风格、具体位置、尺寸大小、安装数量及方式，出具相关的照明电气系统图。由此就不难理解为什么室内设计的用电量往往要比原建筑电气设计的用电量高出许多，造成原配电线路管线偏小、配电箱回路偏少等情况。

此外，电气设计的许多细节问题也需要室内设计师来解决，比如根据电器使用的具体位置来确定插座的位置、数量和高度；根据人流动线和活动习惯设置开关类型和位置等。这就要求室内设计师具备一定的电气设计知识，了解电路控制系统的基本原理及使用规范和要求，熟悉常用电气元器件、电线、信号线等的规格和参数，并能读懂相关的电气设计图纸（图4-76）。

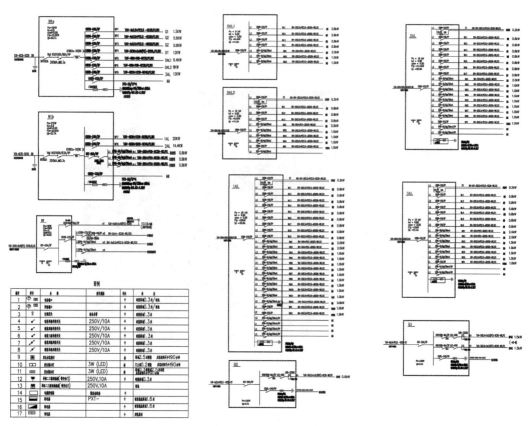

图4-76　某市政府产业基金服务中心电气控制系统图

3. 与HVAC系统的协调

所谓HVAC系统就是指室内的供热系统、通风系统和空调系统，其出发点是为建筑内部提供一个温度适宜、湿度合适、空气清新的室内环境。但在现实生活中，HVAC 系统却是所有室内设备系统中对室内设计最终效果影响最大的因素，无论是设备的具体安装位置，还是管道、风口的大小尺寸，都会极大地影响室内空间的界面形态，特别是顶棚面的造型。在建筑层高较低的情况下，对设计师可谓充满了挑战，设计可发挥的余地变得非常之小，这就需要室内设计师、建筑师、设备工程师之间保持良好的沟通，共同推动整个建筑与室内设计行业健康地向前发展。

HVAC 系统中，通风系统和空调系统往往是并行考虑和处理的，它们基本上与建筑设计同时进行，土建封顶后就开始安装工作。当室内设计开始时，出于内部空间更为细致的功能性考虑，往往会对原有空间进行二次分区，造成原有通风和空调系统不能适应新的空间要求，就需要重新予以设计。此外，对于大面积的室内开敞空间，吊顶相应地要抬高，但是由于空间大，所需风量也相应变大，这就必然造成风管管径增大，特别是这些大风管在经过大梁底部的时候，吊顶构造处理变得更为困难（图 4-77）。在这种情况下，采用结构暴露式的工业风吊顶是一个不错的选择，修饰各类管网布置与走向，并做一些艺术化的处理，再配上一些金属吊灯或金属网，既不影响室内整体层高，也能收到很好的视觉审美效果。

巨大的风管必须从梁底下经过，而此时室内的层高较为有限，这时采取天花结构局部暴露式的工业风设计就是一个不错的选择。

图 4-77　某企业办公室内空间

总之，在进行室内设计的过程中总会碰到各式各样与管网设备产生冲突或矛盾的问题，只有认真面对、协调和解决这些问题才能保证设计的顺利推进，这也是一个成熟的室内设计师应有的素质。

第五节　案例分析与解读——某高校教师发展中心室内空间设计

> **➤ 项目概述**

本室内设计项目位于湖州市某高校，是该校教师发展中心的二期工程。项目总建筑面积约为 548 m²（图 4-78），计划新增小型学术报告厅、微课录制与会议研讨室、贵宾接待室等功能空间，旨在更好地服务教师，整合全校资源形成发展合力。该中心借鉴进国内外先进教育理念和教育教学管理经验，在教师培训、教学咨询、教改研究、教学评估、资源共享与发挥示范中心辐射作用等方面开展多样化多层次的工作。

图 4-78　项目原始场地现场照片

> **➤ 设计要求**

在与甲方充分沟通的基础上，共同明确了以下几项具体设计要求：
① 室内整体采用现代设计风格。
② 新增三个主要功能空间，分别是学术报告厅、微课录制与会议研讨室、贵宾接待室。
③ 设计应符合国家相关技术标准和规范，特别是报告厅和微课室，要满足特定的空间功能要求。
④ 入口区域的设计需要重点考虑。
⑤ 不包含家具，整体硬装工程造价控制在 120 万元以内。

> **➤ 图解构思**

在综合了项目现场实地考察和甲方具体设计要求的基础上，逐步明晰空间功能布局，并以构思草图的形式呈现与表达（图 4-79）。

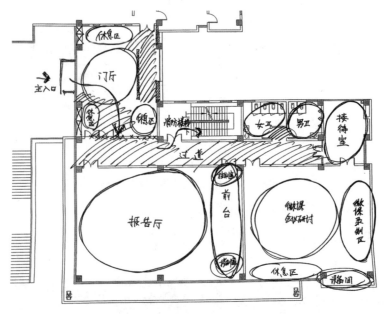

图 4-79　平面功能分区构思草图

> **概念草案**

对于室内一些重要的节点空间，以概念性透视草图的形式进一步推敲空间构图、界面形态、材料应用及细部构造，保证方案的可落地性（图 4-80）。

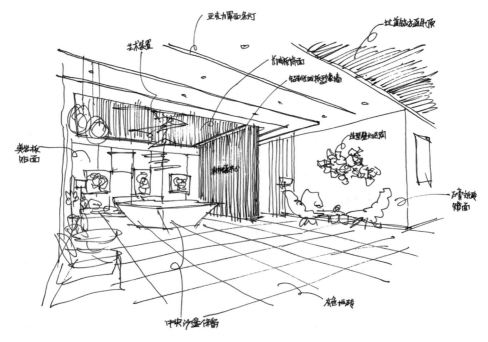

图 4-80　门厅空间构思草图

➤ 平面功能确定与重点空间效果表现

概念草案阶段完成后，借助 AutoCAD，SketchUp，3DS MAX 等设计软件，进一步深化概念草案，形成初步设计方案（图 4-81 ~ 图 4-87）。

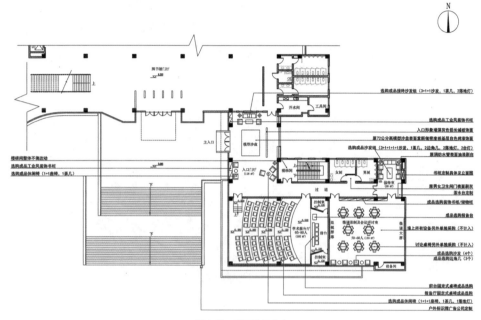

图 4-81　平面布置方案

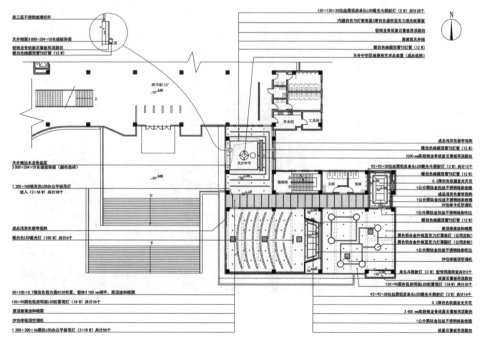

图 4-82　天花布置方案

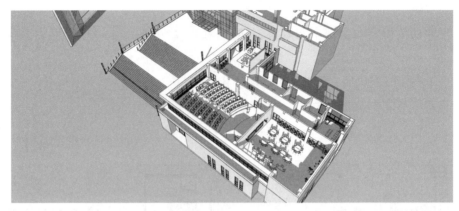

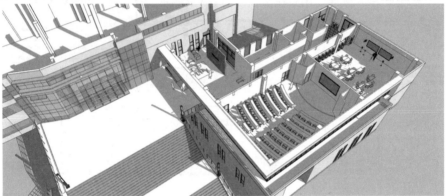

图 4-83　整体鸟瞰效果

图 4-84　入口门厅设计效果

图 4-85　学术报告厅设计效果

图 4-86　微课录制及会议研讨室设计效果

图 4-87　接待室设计效果

➤ 方案施工图深化设计　（部分图纸）

初步设计方案在取得甲方认可后，进入方案的施工图深化设计阶段，解决尺寸、材料、构造等一系列方案落地性与可实施性问题，最终完成方案与施工之间的顺利对接（图 4-88～图 4-92）。

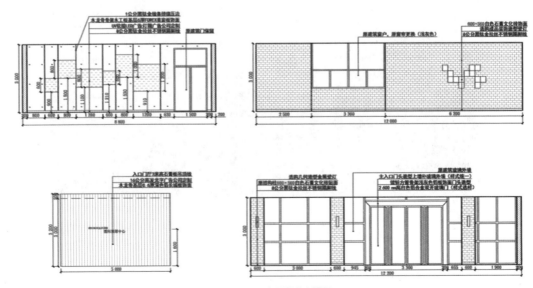

图 4-88　入口门厅部分立面图

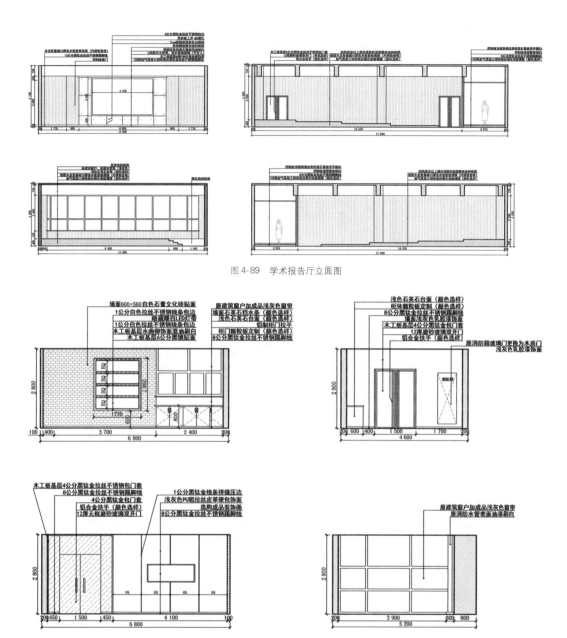

图 4-89　学术报告厅立面图

图 4-90　接待室立面图

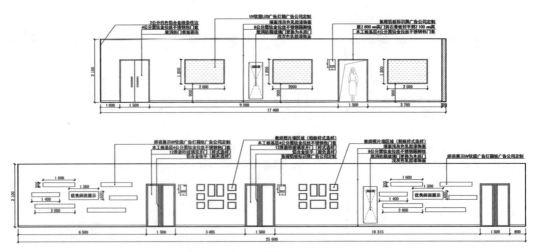

图 4-91　过道立面图

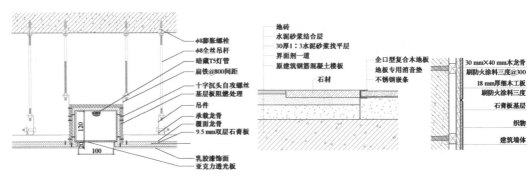

图 4-92　部分节点大样图

➤ 施工跟踪与技术协调

在方案施工图深化设计阶段完成后，设计方、甲方、施工方、监理方四方在项目现场进行设计交底，确保按图施工，保证工程质量。在整个施工过程中，设计师要进行全程的施工跟踪，并主动做好各个层面的技术协调工作，通过照片、视频、文字等多种形式记录存档（图4-93）。

图 4-93　项目施工跟踪照片

➢ 工程施工完工与验收

　　施工完成后，设计方、甲方、施工方、监理方四方联合进行工程竣工验收，对于验收过程中发现的一些施工质量问题、与设计图不符的地方，施工方要重新进行整改，验收合格后，各方代表在最终的验收报告单上确认签字，整个项目到此就全部结束（图 4-94和图 4-95）。

图 4-94　项目竣工验收现场

图 4-95　项目部分竣工照片

项目训练四　小型办公空间初步方案设计

【实训目的】

通过接触实际的设计项目，掌握办公空间的设计流程与方法。从拿到项目原始图纸开始，首先明确甲方的具体设计要求，并从空间功能分析入手，到逐步方案成形，以至实现快速方案表现，培养学生完成初步方案的能力。

【实训要求】

① 完成平面功能分析草图。

② 完成重点空间方案构思草图。

③ 完成平面功能布置图及主要立面图。

④ 完成重点空间的透视效果图，手绘或者电脑表现均可。

【项目概况及设计要求】

（1）项目概况

本项目是湖州市某电子科技有限公司的委托设计项目，位于湖州市吴兴科技创业园内，项目建筑面积约为 1 226 m²（图 4-96）。

公司主要从事 3D 打印机组装及生产技术研发，清洁过滤装置生产技术研发，3D 打印机、清洁过滤装置、塑料制品、家具及配件、塑料模具和金属模具、金属材料、建筑材料、服装、工艺品、机械设备、五金产品、健身器材和电子产品的批发、零售，货物及技术进出口。

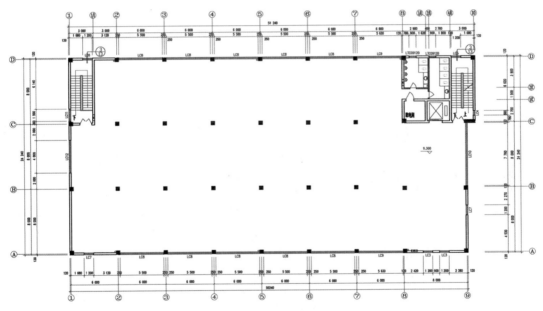

图 4-96　原始结构现状平面图

（2）设计要求

该层主要为公司的办公及生产车间场地，主要包括入口形象展示区、活动展示教室、贵宾接待室、洽谈室、开放式办公区、独立办公室、会议室、实验室、活动室、样品间、文印室、茶水间、生产车间、员工休息室等功能空间。设计风格以现代、简洁为主。

① 入口形象展示区：主要包括公司形象墙及部分产品展示。

② 活动展示教室：可以容纳 40 人左右的标准教室，用于产品教学展示。

③ 贵宾接待室：30 ~ 40 m²。

④ 洽谈室：两个左右的独立洽谈室。

⑤ 开放式办公区：容纳 15 人左右的办公空间。

⑥ 独立办公室：两个独立办公室空间。

⑦ 会议室：大会议室和小会议室各一个。

⑧ 实验室：60 ~ 70 m² 实验室空间。

⑨ 活动室：可以满足诸如打乒乓球等活动的空间，面积 30 m² 左右。

⑩ 样品间：陈列与展示产品的样品间，面积 30 ~ 40 m²。

此外，还需配置一个面积 450 m² 左右的生产车间及员工休息室。

【实训形式】

① 采用若干张 A3 普通复印纸。

② 采用 AutoCAD，SketchUp 和手绘相结合的表现方式，制图比例自行确定。

③ 要求整体版面整洁美观。

④ 所有图纸 A3 横向左侧装订。

 拓展阅读

[1] 张月. 室内人体工程学（第三版）. 中国建筑工业出版社，2012.

[2] 布朗内尔. 建筑、室内设计创新材料应用. 梁辉，庞学满，肖张莹，译. 中国电力出版社，2007.

[3] 帕特·格思里. 室内设计师便携手册（原著第二版）. 蔡红，译. 中国建筑工业出版社，2008.

[4] 设计本：http：//www. shejiben. com.

[5] Pinterest：http：//www. pinterest. cn.

第五章

室内设计案例解读之概念思考与过程表达

设计案例一 浙江省湖州市政府产业基金服务中心室内与景观设计

（设计团队：潘庆生、王利炯、钱慧溟）

➤ **项目名称**

湖州市政府产业基金服务中心室内与景观设计（设计招投标中标项目，招标项目编号 ZCCZ〔2018〕-061 号）。

➤ **项目概况**

本项目位于湖州南太湖旅游度假区绿色金融小镇内（建筑面积约 1 700 m²，含地下室共 4 层，庭院面积约 2 000 m²）。主要用地：湖州市政府产业基金服务中心服务用房（图 5-1）。

图 5-1　项目场地现场照片

> **总体设计要求**

① 设计方案要合理、科学地考虑平面布局与流程，充分满足使用要求。设计风格以现代、简洁、大气为主格调，装饰配套突出时代要求和体现金融元素，使装修与装饰有机地结合。

② 注重环境的设计，包括人造光源设计及自然光源环境设计，尽力降低能源消耗，体现绿色金融和节能观念。

③ 装修工程总造价不超 500 万元，设计需在满足效果的前提下，合理应用造型和材料。

> **各功能区域需求**

（1）一层

北楼：门厅设计、接待中心、休闲咖啡吧。

南楼：基金服务中心（敞开式）、财务室（1 间）、经理室（1 间）、档案室（1 间）、设备机房（1 间）。

（2）二层

北楼：合作基金公司办公区（敞开式）。

南楼：基金公司办公区（敞开式）、经理室（1 间）、小会议室。

（3）三层

北楼：阳光房、露天茶吧、贵宾室。

南楼：小会议室、办公室（2 间）。

（4）负一层

路演厅（大型会议室）、健身房、厨房。

（5） 庭院

包括河边步道出口、庭院景观布置、露天茶吧及 10 个以上的停车位。

（6） 其他

各楼层均需公共卫生间。

➤ **设计成果要求**

设计单位根据产业基金投资有限公司所提供的建筑物原图纸、设计理念和功能区域分布，按要求提供设计成果。

① 室内各层平面布置图（彩色）；

② 庭院景观平面图（彩色）；

③ 办公大楼立面图（彩色）；

④ 办公区文化氛围营造（设计风格分析、主要材质、色彩搭配）；

⑤ 重要区域设计表现效果，效果图不低于 5 张，重要区域的 SketchUp 模型动画表现。

➤ **设计理念**

该场地北侧面向太湖，东西两侧与其他建筑相邻，南侧为建筑主入口。从场地条件看，东北侧视野开阔、景色优美，是设计取景的主要立面。南侧空地相对宽裕，作入口小广场。本方案以"聚水纳财，筑巢引凤"为构思理念，"流水不腐，户枢不蠹"，基金公司旨在汇聚各方之财，让财富如水一样流动起来。鲧治水，以堵为主；禹治水，以疏为主，治标为"堵"，治本为"疏"，治理金融也是如此（图 5-2 和图 5-3）。

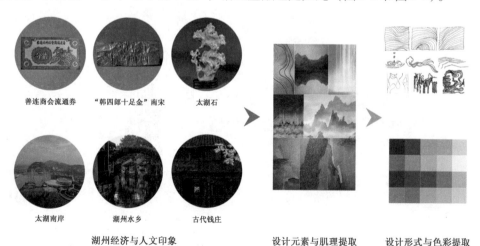

善连商会流通券　　"韩四郎十足金"南宋　　太湖石

太湖南岸　　　湖州水乡　　　古代钱庄

湖州经济与人文印象　　　设计元素与肌理提取　　　设计形式与色彩提取

图 5-2　设计元素及形式提取

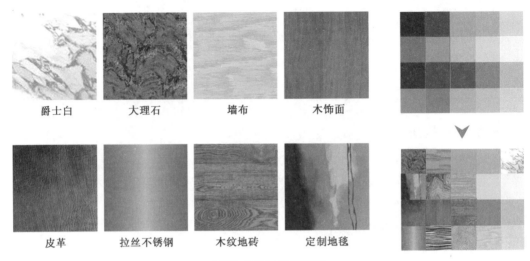

爵士白　　　　大理石　　　　墙布　　　　木饰面

皮革　　　拉丝不锈钢　　木纹地砖　　定制地毯

图5-3　设计主材及色彩提取

➤ 设计过程之构思草图

选取公司入口接待大厅、一楼水吧区、中庭景观区三个主要的节点空间，以三维透视草图的形式，进一步推敲空间设计方案（图5-4～图5-6）。

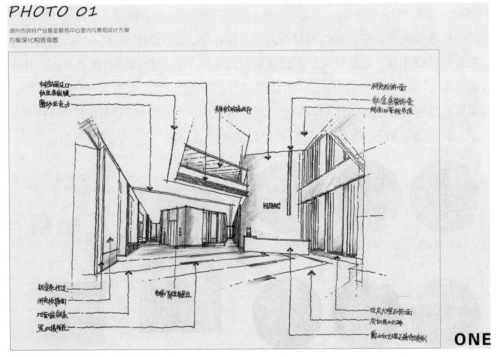

图5-4　入口接待大厅方案深化草图

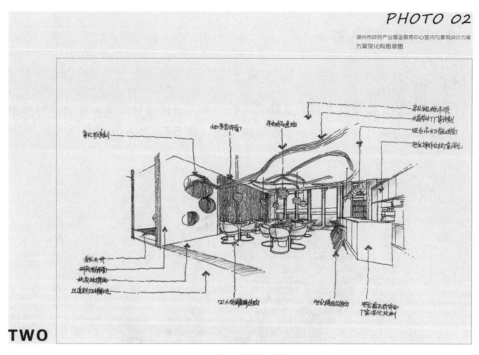

图 5-5　水吧区方案深化草图

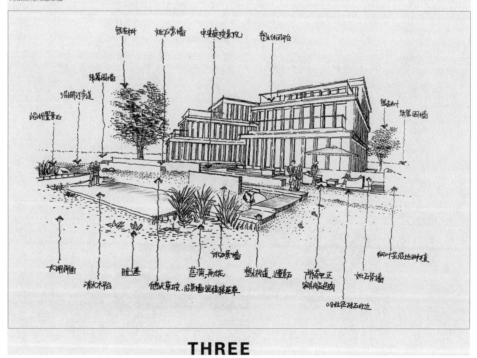

图 5-6　中庭景观方案深化草图

➢ 设计过程之平面布置

（1） 室内篇

在确定方案的主要设计基调的基础上，根据甲方总体设计要求，进一步明确室内各楼层的平面布置方案，并以彩图的表现形式呈现（图 5-7 ~ 图 5-10）。

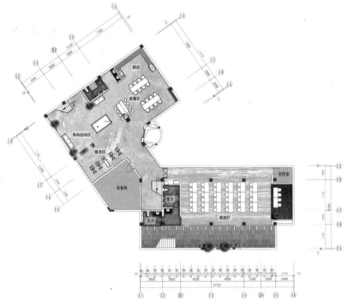

图 5-7 负一层平面布置方案图

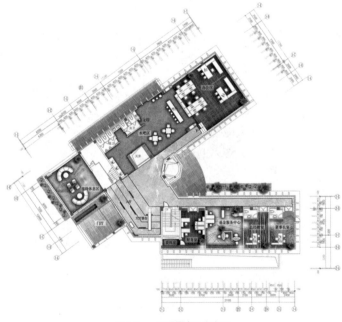

图 5-8 一层平面布置方案图

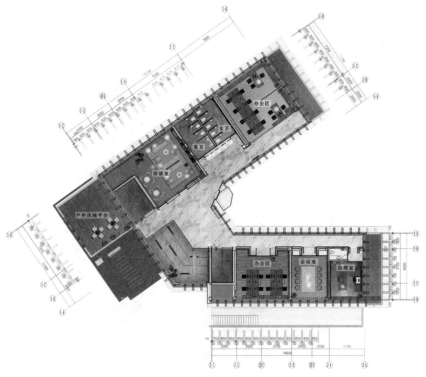

图 5-9　二层平面布置方案图

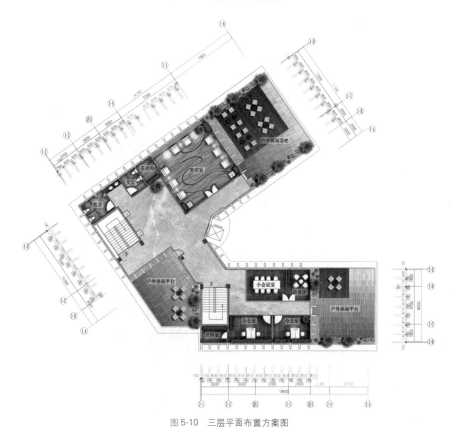

图 5-10　三层平面布置方案图

（2）景观篇

室外的景观设计通过景观的彩色总平面图来整体呈现（图 5-11），并通过景观结构分析图、交通组织分析图，进一步完善设计表达的内容（图 5-12 和图 5-13）。

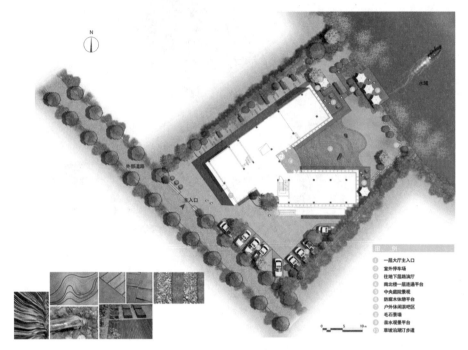

图 5-11　景观总平面布置图

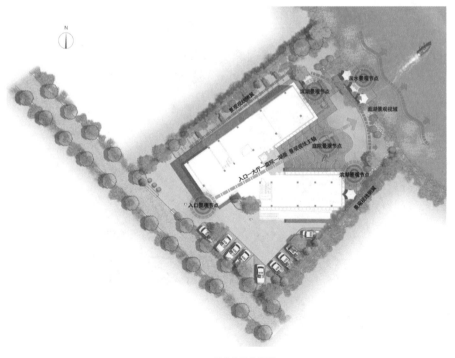

图 5-12　景观结构分析图

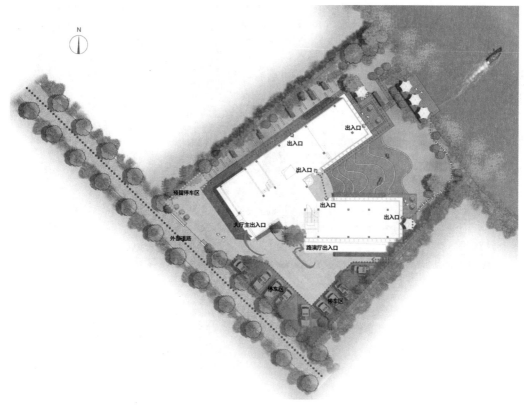

图 5-13　交通组织分析图

➤ 设计过程之重点空间效果图表现

（1）室内篇

效果图能够非常直观地传递设计方案，是甲方最为关注的图纸，透过效果图表现，室内的空间分布、色彩、照明、陈设等设计效果可谓一览无余。因此应选择甲方较为关心的重点空间来加以呈现（图 5-14 ~ 图 5-22），但毕竟效果图不能涵盖室内的每一个空间，此时对于家居、灯具、洁具等主要的后期陈设品，可以通过意向图的形式加以说明（图 5-23 ~ 图 5-25）。

图 5-14　一层主入口外立面门头设计效果

图 5-15　负一层路演厅设计效果

图 5-16　一层入口接待大厅设计效果

图 5-17　一层水吧区设计效果

图 5-18　一层董事长办公室设计效果

图 5-19　三层贵宾接待室设计效果

图 5-20　三层小会议室设计效果

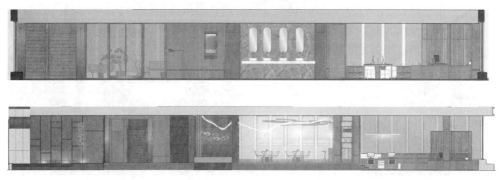

图 5-21　一层主要立面设计效果

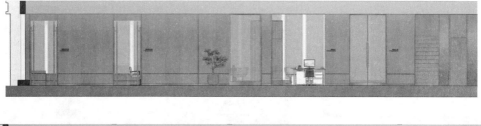

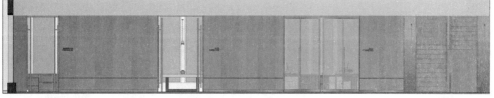

图 5-22　二层主要立面设计效果

图 5-23　室内家具意向图

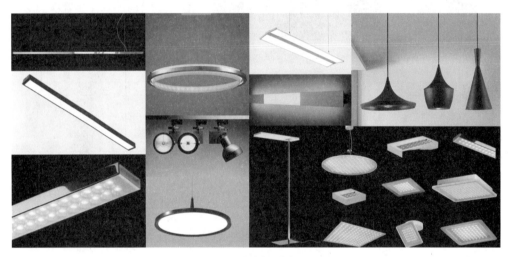

图 5-24　室内灯具意向图

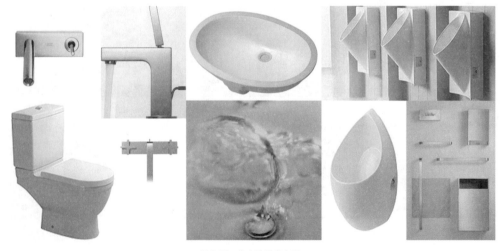

图 5-25　室内洁具意向图

（2）景观篇

室外景观设计的效果图如图 5-26 和图 5-27 所示。

图 5-26　中庭景观鸟瞰效果

图 5-27　局部景观透视效果

地面铺装意向图如图 5-28 所示。

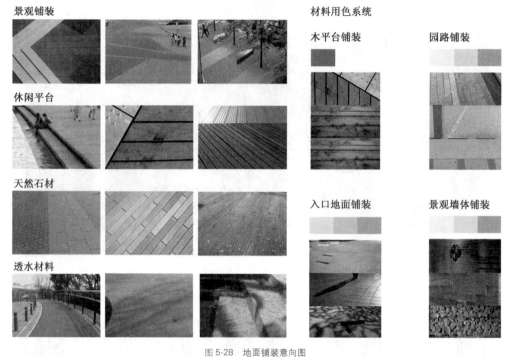

图 5-28　地面铺装意向图

生态景观设计如图 5-29 和图 5-30 所示。

图 5-29　生态景观设计

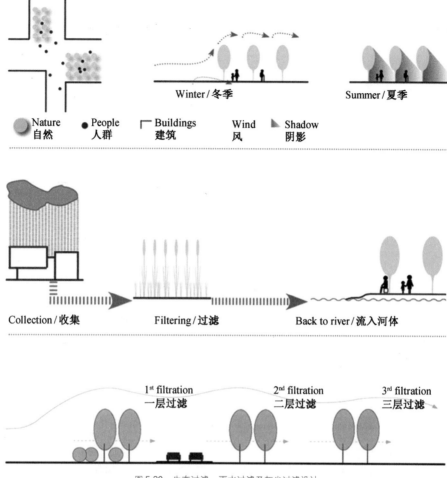

图 5-30　生态过滤、雨水过滤及灰尘过滤设计

➤ 设计过程之项目概算

整个工程项目初步概算总造价为 470.57 万元，单方造价 2 768.08 元/m²，如图 5-31 所示。

装饰工程概算书

工程名称： 湖州市政府产业基金服务中心装修工程设计项目　建筑面积： 1 700　平方米

工程总投资： 470.57 万元　　　　单方造价： 2 768.08 元/平方米

2018-10-22

装修工程费用汇总表

工程名称：湖州市政府产业基金服务中心装修工程设计项目

序号	汇总内容	计算公式	金额(元)
一	工程量清单分部分项工程费	Σ（分部分项工程量 × 综合单价）	4098822.9
其中	1. 人工费 + 机械费	Σ（分部分项人工费 + 分部分项机械费）	375288.22
二	措施项目费		58770.14
2.1	（一）施工技术措施项目费	按综合单价计算	0
其中	2. 人工费 + 机械费	Σ（技措项目人工费 + 技措项目机械费）	0
	招标文件提供的技术措施费		0
	自行计算的技术措施费		0
2.2	（二）施工组织措施项目费	按项计算	58770.14
	3. 安全文明施工费	(1 + 2) ×15.33%	57531.68
	4. 冬雨季施工增加费	(1 + 2) ×0.2%	750.56
	5. 夜间施工增加费	(1 + 2) ×0.04%	150.12
	6. 已完工程及设备保护费	(1 + 2) ×0.05%	187.64
	7. 二次搬运费	(1 + 2) ×0%	0
	8. 行车、行人干扰增加费	(1 + 2) ×0%	0
	9. 提前竣工增加费	(1 + 2) ×0%	0
	10. 工程定位复测费	(1 + 2) ×0.04%	150.12
	11. 特殊地区施工增加费	按实计算	0
	12. 其他施工组织措施费	按相关规定计算	0
三	其他项目费	按清单计价要求计算	0
四	规费	13 + 14	40906.42
	13. 排污费、社保费、公积金	(1 + 2) ×10.4%	39029.98
	14. 民工工伤保险费	(1 + 2) ×0.5%	1876.44
五	危险作业意外伤害保险费	(1 + 2) ×0%	0
六	计税不计费	计税不计费	0
七	税金	(一 + 二 + 三 + 四 + 五 + 六 - 甲供材料费)×11%	466334.65
八	不计税不计费	不计税不计费	0
九	建设工程造价	一 + 二 + 三 + 四 + 五 + 六 + 七 + 八	4705740.51

图 5-31　项目初步概算

➢ 设计过程之施工图深化设计

本次项目的施工图深化设计主要分为室内设计施工图、景观设计施工图及水电暖通施工图三大部分。限于篇幅等原因，这里只能展示部分施工深化设计图纸（图 5-32 ~ 图 5-46）。

（1）前序部分图纸

图 5-32　图纸说明及目录

图 5-33　主材说明表

（2） 平面类图纸

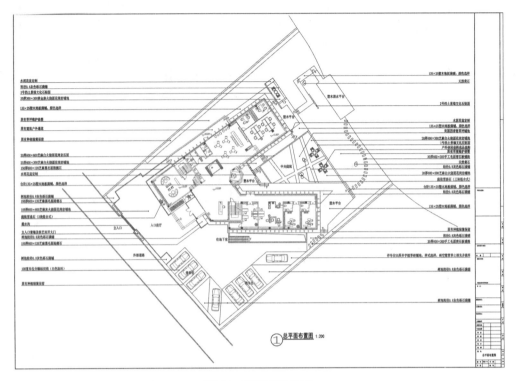

图 5-34　景观总平面布置图

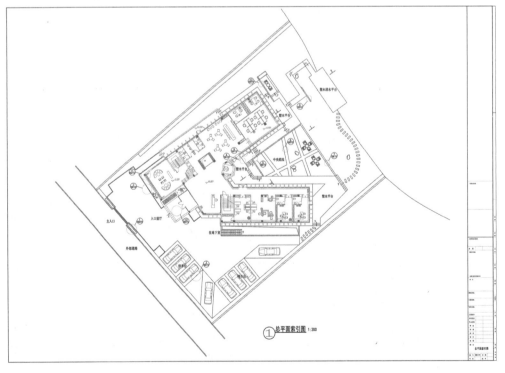

图 5-35　景观总平面索引图

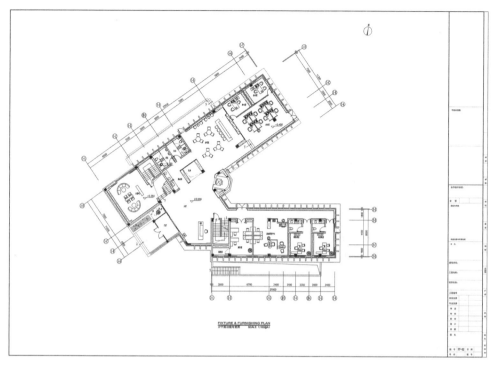

图 5-36　一层平面布置图

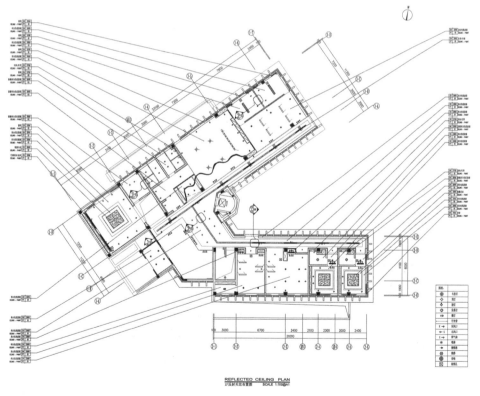

图 5-37　一层天花布置图

（3）立面类图纸

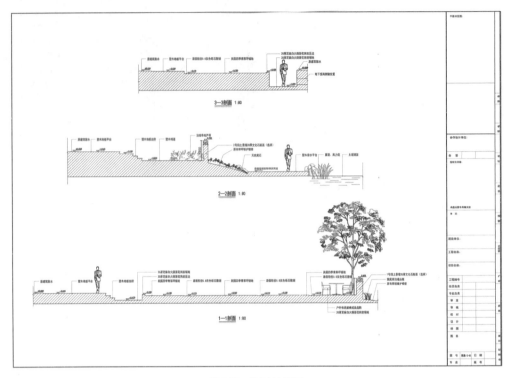

图 5-38　景观剖立面图

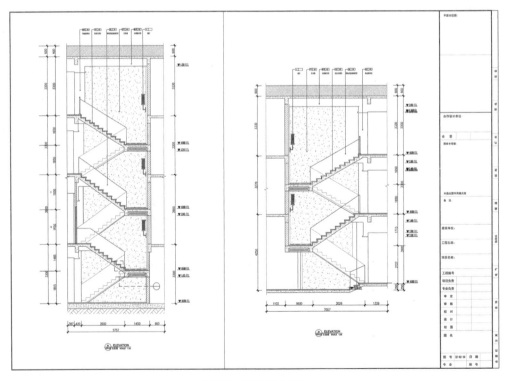

图 5-39　楼梯间剖立面图

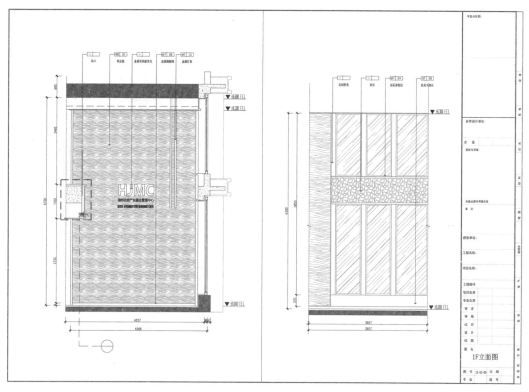

图 5-40　入口接待大厅立面图

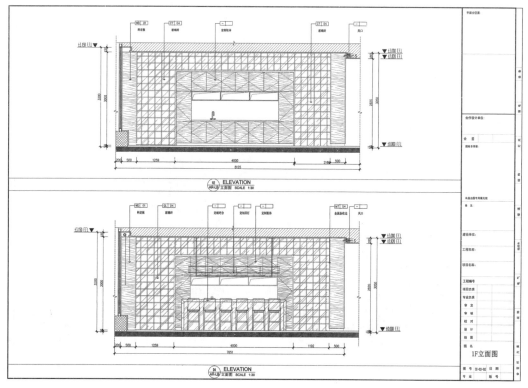

图 5-41　一楼水吧区立面图

（4）节点大样类图纸

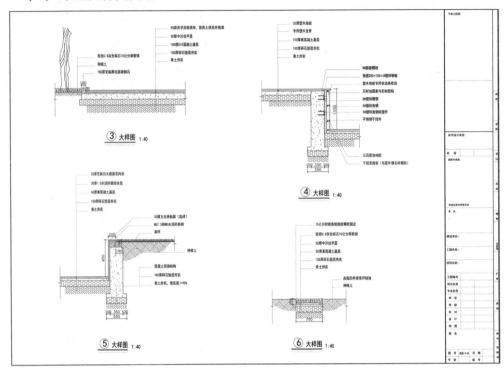

图 5-42　景观节点大样图

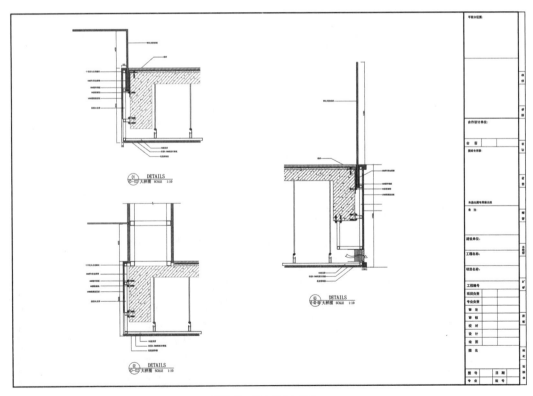

图 5-43　室内节点大样图一

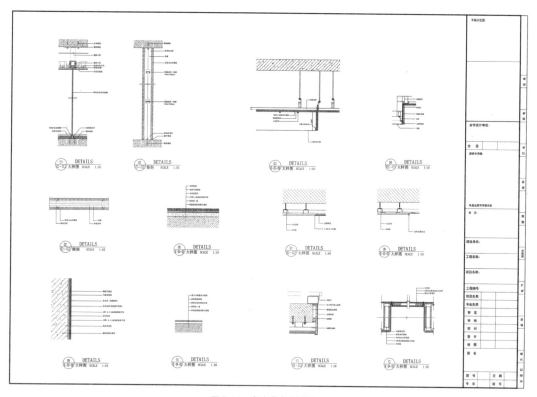

图 5-44　室内节点大样图二

（5）水电暖通类图纸

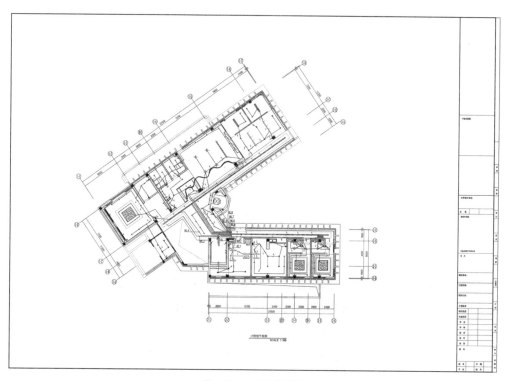

图 5-45　一层照明平面图

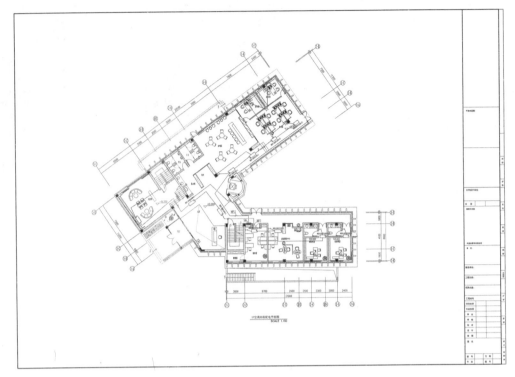

图 5-46　一层空调内机配电平面图

设计案例二　浙江省安吉县图书馆新馆室内设计

（设计团队：潘庆生、王利炯、万蕴智）

➤ 项目名称

浙江省安吉县图书馆新馆室内设计（设计招投标项目，招标项目编号：JCGK2016 – 049）。

➤ 项目概况

本次项目为图书馆的室内装饰设计，总建筑面积 9 300 m²，其中地上建筑面积约 6 980 m²，地下建筑面积 2 320 m²（图 5-47）。本项目所在安吉县气候宜人，属亚热带海洋性季风气候区，北纬 38°38′，东经 119°41′，夏热冬冷地区。该区域光照充足、气候温和、雨量充沛、四季分明、环境优美，空气质量达到国家一级标准，水体质量绝大部分在二类水体以上。年平均气温 15.7 ℃，年降水量 1 419.1 mm，全年日照时数 1 853.4 h。

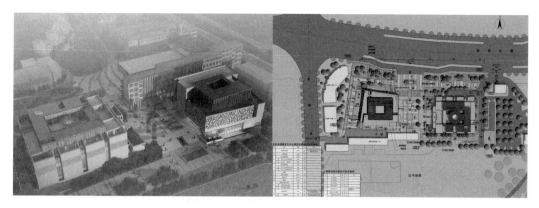

图 5-47　项目概况

➢ 设计要求

安吉县图书馆新馆设计，应体现亲切、便利、开放、新颖、特色等理念。新馆功能布局实行藏、借、阅一体化，既要采用大空间通透的开架服务方式，又要保证新馆藏书具备一定的规模和未来发展空间。新馆内部装修应致力于营造舒适、便捷、温馨、优雅、轻松的阅读与学习环境，应与安吉县地域文化特点相适应；与周边历史、文化环境相适应；与安吉县图书馆未来发展目标相适应。同时，新馆内装设计必须符合国家和行业的设计技术规范和标准，并尽量采用新材料和新工艺。新馆内装设计定位于"大气、新颖、简约、智慧、活力"，同时，设计还应当突出安吉地域文化与艺术特色氛围，特别是要将安吉的"竹"元素融入其中，把"竹"文化使用在家具、空间布置、建筑构造等各个方面，充分体现安吉的人文特色。

① 负一楼：主要是读者自习功能区，兼有展厅、书店及读者餐厅。因其开间较大，可采用轨道活动式通顶屏风加于隔断，这样整个空间可自由调整大小，既灵活又方便。

② 少儿专区：色彩与造型上为迎合少儿心理特点，采用生动、活泼、鲜艳的色彩及造型的同时，在安全、环保性设计上也要精心考虑，能够让孩子们在阅读学习的同时感受活跃的气氛。

③ 公共阅览区（成人、少儿）：以温馨、惬意、舒适和简洁的设计理念，坚持节能、环保的原则，充分利用建筑自然采光、照明感应技术及灯光电子感应分控技术。

④ 报告厅：舞台设计进深应考虑为 4～5 m，高度为一步台阶，台阶与座位间平地可扩大为舞台面积延伸，可增桌椅。每排座位间距以人坐着，其他人可以通过为宜。

注：可参考《图书馆建筑设计规范》《电子计算机机房设计技术规范》《公共图书馆建设标准》（建标 108—2008），以及国际图联、联合国教科文组织的《公共图书馆服务发展指南》。

➤ 设计依据

① 《全国室内装饰行业管理暂行规定》；

② 《室内装饰工程质量规范》；

③ 《建筑制图标准》（GB/T 50104—2010）；

④ 《CAD 工程制图规则》（GB/T 18229—2000）；

⑤ 《办公建筑设计规范》（JGJ 67—2006）；

⑥ 《建筑内部装修设计防火规范》（GB 50222—2017）；

⑦ 《民用建筑工程室内环境污染控制规范》（GB 50325—2010）；

⑧ 《室内装饰装修材料人造板及其制品中甲醛释放限量》（GB 18580—2017）；

⑨ 《室内装饰装修材料溶剂型木器涂料中有害物质限量》（GB 18581—2009）；

⑩ 《室内装饰装修材料内墙涂料中有害物质限量》（GB 18582—2016）；

⑪ 《室内装饰装修材料胶粘中有害物质限量》（GB 18583—2008）；

⑫ 《室内装饰装修材料木家具中有害物质限量》（GB 18584—2001）；

⑬ 《室内装饰装修材料壁纸中有害物质限量》（GB 18585—2016）；

⑭ 《室内装饰装修材料聚氯乙烯卷材地板中有害物质限量》（GB 18586—2001）；

⑮ 《室内装饰装修材料建筑材料放射性核素限量》（GB 6566—2001）；

⑯ 《建筑装饰装修工程施工质量验收规范》（GB 50210—2018）；

⑰ 其他国家及地方现行相关规范及标准文件。

➤ 设计成果要求

整体设计说明：阐释设计主题、硬景、软景的概念，明确总体设计风格、设计理念、展示构成、展示技术、展示形式。

文字成果包括初步设计方案、设计概算等。

图形成果包括详细平面图、立面图、剖面图、关键节点图、展项结构图、鸟瞰图、各区域的三维彩色效果图（jpg 格式和一般动画格式）和三维动画等。提供展项的关键技术（标明尺寸），配合文字说明（颜色、形状、材料等），该项展示深化设计关键点及制造难点。

① 设计说明：阐释设计主题、硬景、软景的概念；

② 总平面定位图；

③ 总平面竖向设计图：包含整个区块的竖向设计；

④ 排水方向平面布置图；

⑤ 总平面放线图；

⑥ 铺装材料表及图片；

⑦ 消防；

⑧ 供电；

⑨ 暖通；

⑩ 家具布设；

⑪ 室内装饰；

⑫ 给排水；

⑬ 电；

⑭ 标识标志及导视系统（包含地上、地下）等。

> **设计理念**

（1）竹事山居

安吉位于竹海绿浪之间，素来以竹为事。图书的馆藏文化更是与竹子有不解的情愫。本案从竹子的记龄、放排、编织等竹事中汲取元素，表达图书馆与竹子之间融通的文化内涵，并且安吉群山环抱建筑亦有其独特的神韵。安吉山民常以层积岩代替瓦片，建造独具特色的石片屋，错落层叠与山水相融。本案从安吉的石片屋的构造中汲取元素，用以筑造图书馆的地域风韵。

（2）物道维新

从竹事山居到琴棋书画，方物之间，都蕴含着安吉人的独特之道。近代艺术大师吴昌硕的画作多以安吉风物为题材，表达了推陈出新的哲学态度。本案着力于"物道维新"的历史文脉，从安吉的风物中汲取养分，继承图书馆的传统功能，并且引进新的理念。在知识碎片化的时代，努力引导民众进行深度阅读，鼓励民众知识创新，将安吉图书馆塑造成文化事业的聚集区（图5-48～图5-50）。

竹事山居　物道维新

图5-48 设计理念一

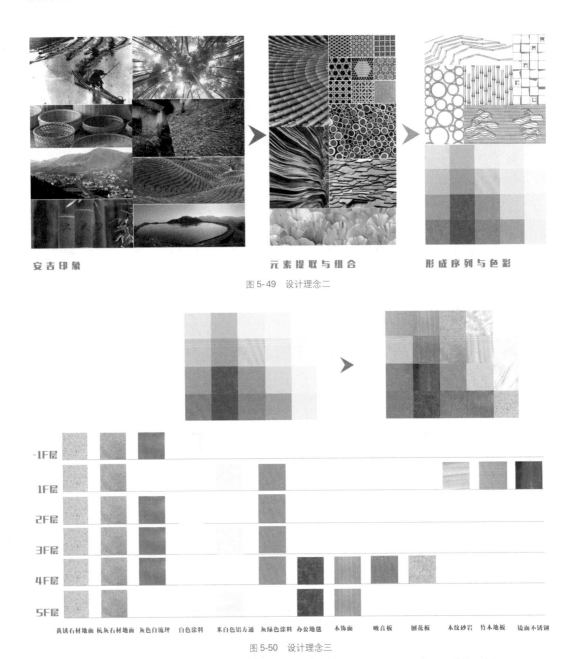

安吉印象　　　　　　元素提取与组合　　　　　形成序列与色彩

图 5-49　设计理念二

图 5-50　设计理念三

> ➤ **设计过程之构思草图**

选择部分重点空间，做比较深入的草图构思和推敲（图 5-51）。

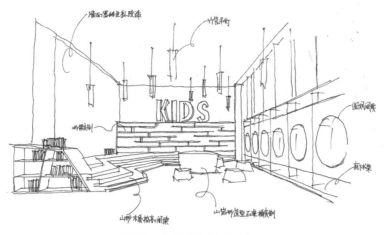

图 5-51　儿童阅览室空间构思草图

> ➤ **设计过程之平面布置**

（1）一层平面布置方案

　　一层平面包含大厅、少年阅览室、儿童阅览室等功能区。作为楼层枢纽，本案在大厅设置了查询、导引和休息等功能区。在儿童阅览室设置了阅读台阶，方便家长伴读。少年阅览室设了馆长推荐区以引导少年阅读（图 5-52 和图 5-53）。

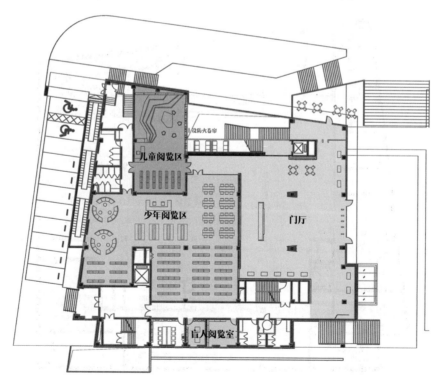

图 5-52　一层平面布置图

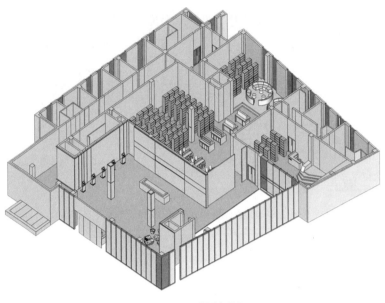

图 5-53　一层轴测鸟瞰图

（2）二层平面布置方案

二层包含了藏书区、馆长推荐区、文创服务区、常驻作家写作区等功能区。其中馆长推荐区为借阅者提供方便；文创服务区可推介安吉设计师的作品；常驻作家写作区可邀请作家从事驻馆创作（图 5-54 和图 5-55）。

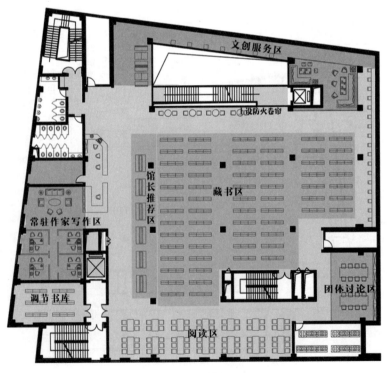

图 5-54　二层平面布置图

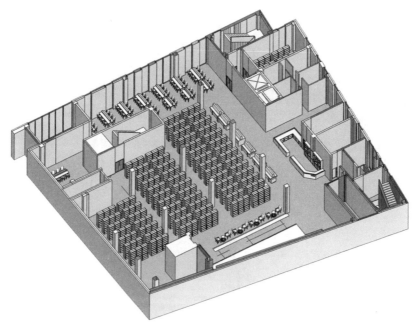

图 5-55　二层轴测鸟瞰图

（3）三层平面布置方案

三层主要包括报刊阅览区、地方文献与中国县志收藏馆、竹文化研讨室三个主要部分（图 5-56 和图 5-57）。

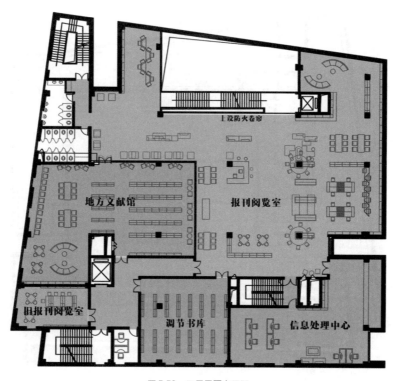

图 5-56　三层平面布置图

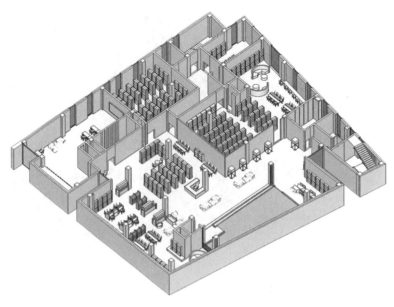

图 5-57　三层轴测鸟瞰图

（4）四层平面布置方案

四层主要包括报告厅、多媒体阅览室、贵宾接待室、健身休憩区等功能区。考虑到今后，图书馆会有藏书量整体增加的趋势，健身休憩区可以改变为藏书区（图 5-58 和图 5-59）。

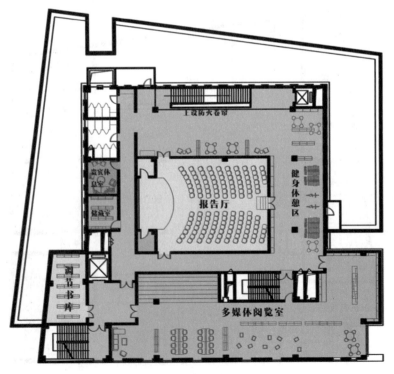

图 5-58　四层平面布置图

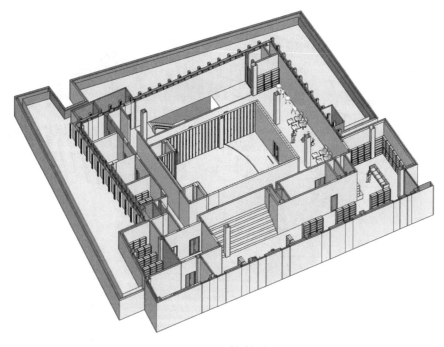

图 5-59　四层轴测鸟瞰图

（5）五层平面布置方案

五层以中央天井式的屋顶庭院为中心，主要为图书馆的办公区、书籍储藏区与设备平台区，满足日常办公、会议等需要（图 5-60 和图 5-61）。

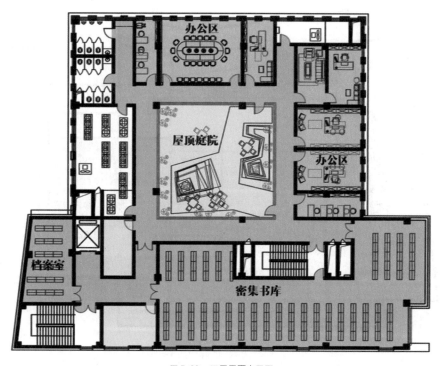

图 5-60　五层平面布置图

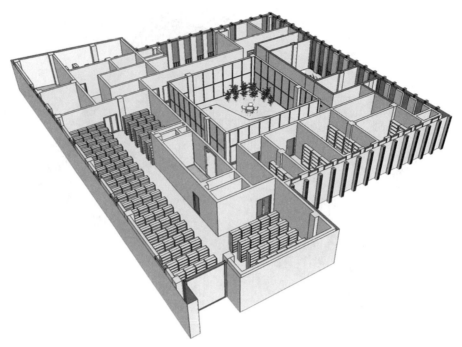

图 5-61　五层轴测鸟瞰图

（6）负一层平面布置方案

负一层主要是由读者自习区、展厅、咖啡书吧、读者休息区、备用空间等组成（图
5-62 和图 5-63）。

图 5-62　负一层平面布置图

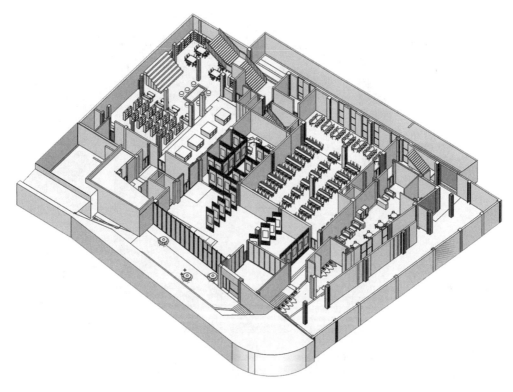

图 5-63 负一层轴测鸟瞰图

读者自习区：固定桌椅 126 位，组合桌椅 50 位。

展厅：采用轨道活动式通顶屏风加以隔断。

咖啡书吧：由卡座区、艺术沙龙、展示区、儿童手作区组成。

休息区：由 VIP 休息区、卡座区、吧台区、茶水自助服务台组成。

备用空间：可以变化为会议室、洽谈室、培训教室、小型拍卖会、多媒体展示、小型陈列室等。

> **设计过程之重点空间效果图表现**

（1）入口大厅设计

在大厅的设计中，本案采用折页经书的形式包裹柱子点出了设计主题。竹编灯具和石头沙发点出"竹事山居"的安吉文脉。大厅的切片文字"安吉图书馆"，取形于石片屋的层积岩，表达了安吉山水的人文意境（图 5-64）。

在大厅的设计中，本案采用折页纸书的形式包裹柱子，既消除了柱子的视觉障碍，又点出了设计主题。竹编灯具和石头沙发点出"竹事山居"的安吉文脉。大厅背景采用切片形式塑造"安吉图书馆"五个字，取形于石片屋的层积岩，表达了安吉山水的人文意境。墙壁采用本纹砂岩表达与书页的呼应。镜面不锈钢的吊灯消除了层高不足的压抑感，条形的灯带则表达了苕溪放排的意境。

图 5-64　入口大厅设计效果

（2）儿童阅览室设计

儿童阅览室取形于安吉山水，用地形塑造了阶梯，用溪石塑造了桌椅，用云层塑造了立面的书架，用小鸟写意了山林，用圆孔写意了山洞，形成了寓教于乐的儿童阅读空间（图 5-65）。

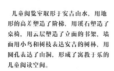

儿童阅览室取形于安吉山水，用地形的高差塑造了阶梯，用溪石塑造了桌椅，用云层塑造了立面的书架，墙面用小鸟和树枝表达安吉的树林，用圆孔表达了山洞，形成了寓教于乐的儿童阅读空间。

图 5-65　儿童阅览室设计效果

（3）外借阅览室设计

本层以白色为主色弥补采光不足的缺陷；以绿色作为辅色突出安吉的山水基调，以"之"字形灯带为装饰表达对安吉母亲河——苕溪的敬意，以灰亮的自流坪为地面象征天荒坪水库静静的湖水（图 5-66）。

本层大厅以白色为主色弥补采光不足的缺陷；以绿色作为辅色突出安吉的山水基调，以"之"字形灯带为装饰表达对安吉母亲河——苕溪的敬意，以灰亮的自流坪为地面象征天荒坪水库静静的湖水，以竹木家具和翠色线条为造型突出安吉的人文底蕴。

图 5-66　外借阅览室设计效果

（4）地方文献收藏馆设计

本层空间设计侧重于凸显安吉当地文化与亮点，将茶文化、竹文化、美丽乡村、生态旅游等主题元素融入各个功能区块，构筑集地方文献查阅、文化研讨会议、研究交流互动、报纸杂志阅读为一体的特色空间。此外，为了增加整个三层空间的采光与视线，用大面积的落地玻璃划分报刊阅览区与地方馆两大空间，并合理规划藏、阅、读、憩等功能小区（图 5-67）。

地方文献在空间设计侧重于凸显安吉当地文化与亮点，将茶文化、竹文化、美丽乡村、生态旅游等主题元素融入此功能区块，构筑集地方文献查阅、文化研讨会议、研究交流互动、报纸杂志阅读为一体的特色空间。在设计中，将空间区分为藏书、阅读、讨论、展示四个部分，并融入更多代表安吉特点的地域景观元素，通过墙面、灯具、竹工艺品等来加以强化与表现。

图 5-67　地方文献收藏馆设计效果

（5）报刊阅览区设计

报刊阅览区的建筑面积约为 600 m^2，主体色调以白、灰、木色为主，顶面以圆形、折线形 LED 灯来组织整个空间照明，并搭配吊灯进行辅助式照明。将竹竿造型稍加变形与提炼，应用到与地方文献馆的空间隔断之中，并用大面积的落地玻璃加以围合，配合上下两端的 LED 灯光，塑造出明暗、层次丰富的立面效果。玻璃隔断、入口区、柱子周围则自由布置展柜与座椅，营造轻松舒适的阅读与休憩空间。基于人的普遍阅读习惯和行为模式，藏书架、报刊架、杂志架、展示架、阅读桌、休息椅依据人流路线灵活穿插与布置，为读者创造灵活多变的阅读方式（图 5-68）。

报刊阅览区建筑面积约为600平方米，主体色调以白、灰、木色为主，顶面以圆形、折线形LED灯来组织整个空间照明，并搭配吊灯进行辅助式照明。配合上下两端的LED灯光，塑造出明暗、层次丰富的立面效果。玻璃隔断、入口区、柱子周围侧自由布置展柜与座椅，营造轻松舒适的阅读与体憩空间。

报刊阅览区将竹竿造型稍加变形与提炼，应用到与地方文献馆的空间隔断之中，并用大面积的落地玻璃加以围合塑造出更加丰富的流动空间。基于人的普遍阅读习惯和行为模式，藏书书架、报刊架、杂志架、展示架、阅读桌、休息椅依据人流路线灵活穿插与布置，为读者创造了更加灵活多变的阅读方式。

图 5-68　报刊阅览区设计效果

（6）报告厅设计

报告厅的面积约为 170 m^2，可满足容纳 120 人以上的讲座与会议要求。整体空间色调以灰色与木色为主，通过把后排桌椅逐级抬高的处理方式，加强室内后部空间向舞台中央的导向与汇聚，形成具有一定视觉张力的空间效果。吊顶采用浅木色铝方通与线形 LED 灯来表现，形态宛如一排排的竹子在不断延伸与跳动。墙面采用深木色吸音板，几条水纹图案划墙而过，让人联想起当年苕溪上人们运竹排、撑竹排的忙碌场景（图 5-69）。

报告厅面积约为170平方米，可满足容纳120人以上的讲座与会议要求。整体空间色调以灰色与木色为主，通过把后排座椅逐级抬高的处理方式，加强室内后部空间向舞台中央的导向与汇聚，形成具有一定视觉张力的空间效果。吊顶采用浅木色铝方通与线型LED灯来表现，形态宛如一排排的竹子在不断延伸与跳动。墙面采用深木色吸音板，几条水纹图案划墙面过，让人联想起当年若溪上人们运竹排、撑竹排的忙绿场景。

图 5-69　报告厅设计效果

（7）多媒体阅览室设计

多媒体阅览室的面积约为 290 m²，被设计成集数字阅读、影音视听、沙龙互动、云端教学等多功能为一体的体验空间。打造兼备阅读、休憩、沙龙、影音等功能的阶梯式阅读区，增加阅读方式的多样性与趣味性，顶面通过类似竹节一般大大小小的圆筒形LED吊灯来增加空间照明，并与墙面上形态如竹节一般的小装饰射灯形成呼应，寓意着以竹子为代表的传统元素，与以互联网为代表的现代元素之间的完美对话（图 5-70）。

多媒体阅览室面积约为290平方米，设计成集数字阅读、影音视听、沙龙互动、云端教学等多功能为一体体验空间。打造兼备阅读、休憩、沙龙、影音等功能的阶梯式阅读区，增加阅读方式的多样性与趣味性，顶面通过类假竹节一般大大小小的圆筒形LED吊灯来增加空间照明，并与墙面上形态如竹节一般的小装饰射灯形成呼应，寓意着以竹子为代表的传统元素，与以互联网为代表的现代元素之间的完美对话。

图 5-70　多媒体阅览室设计效果

（8） 屋顶办公空间设计

屋顶庭院以翠绿的竹群、灰色的碎石、层层叠叠的石片来表现设计，体现安吉最自然、质朴的景观肌理，防腐木平台则组织与塑造了一个充满意境的休憩空间。过道一边，大面积的带有竹竿图案的落地玻璃，把室外景观充分借入了室内空间。过道的尽头，一副竹工艺立体画，继续强化竹元素这一主题（图 5-71）。

五层以中央天井式的屋顶庭院为中心，主要为图书馆的办公区、书籍储藏区与设备平台区，满足日常办公、会议等需要。

屋顶庭院以翠绿的竹群、灰色的碎石、层层叠叠的石片来表现，体现安吉自然、质朴的景观肌理，防腐木平台则组织与塑造了一个充满意境的休憩空间。过道一边，大面积的竹竿图案玻璃，把室外景观充分借入了室内空间。过道的尽头，一幅竹工艺立体画，继续强化"竹事山居"的主题。

图 5-71　屋顶办公空间设计效果

（9） 展厅设计

展厅采用轨道活动式通顶屏风加以隔断。竹元素定制的栏杆和展板，亲近随和，透着浓厚的安吉地方特色，展览的形式主要有挂画、摆件、多媒体传播等方式（图 5-72）。

展厅采用轨道活动式通顶屏风加以隔断。竹元素定制的栏杆和展板，亲近随和，透着浓厚的地方特色，展览的形式主要有挂画、摆件、多媒体传播等方式。

图 5-72　负一层展厅设计效果

（10）儿童手作区设计

活泼新颖的手作区，实现了文化的传承、艺术的创作与创新。无论是竹编、陶艺、木作等亲子活动，都可以在这里实现（图5-73）。

活泼新颖的手作区，实现了文化的传承、艺术的创作与创新。"手作"是时下最流行的词汇，无论是竹编、陶艺、木艺、绘画、摄影等亲子活动，都可以在这里实现，充分为图书馆吸引人气。

图 5-73　儿童手作区设计效果

> ➢ **设计过程之标识系统设计**

安吉山民常以"上、大、人"三个字为竹子记龄，而"上大人"源于启蒙教育"上大人，丘乙己……"，由此可见，从古代到现代，从竹事到启蒙，竹文化与图书馆有着不解之缘。

本案在标识设计中以"上大人，丘乙己"为题材，将竹子记龄与标识系统相呼应。本案同时还以竹子、书籍和竹简为元素设计了安吉图书馆的 LOGO，形成具有安吉特色的文化意象（图5-74）。

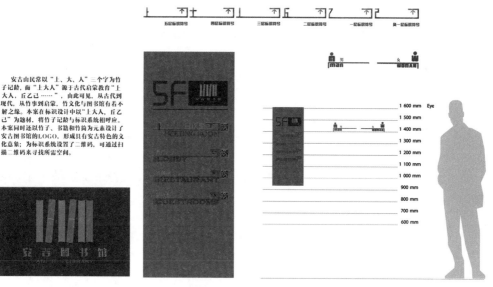

图 5-74　室内标识系统设计

> **家具选配建议**

① 在图书馆的家具选配上，遵循"3E"设计理念，即人体功能学、美学和环境协调，比如对于藏书架的设计，书架顶部统一设置探出式的长条形 LED 照明灯具，以增加书架的整体采光。在结构上，书架采用下部较上部突出的形式，增加书架下方的采光与阅览舒适性；对于阅读桌的设计，两侧各往座位方向微微倾斜，以达到较为舒适的阅读姿势，桌面上的灯具则采用固定式感应 LED 灯光照明，消除一切阅读光线死角。

② 选择标准化、可调化、可拆装的形式，以及可以重新组合的书架、阅览桌、工作台等，以便日后馆藏扩容时，能按需增补。对于书架、期刊架等，其隔板层的高度可按系列化随意调整，以适合不同规格版本的图书文献。

③ 合理规划家具的摆放疏密、色彩变化、材料质感等，特别是将材料的吸音性纳入家具选配时的重要考虑因素，以避免噪声产生的可能性。

④ 在家具的色彩选择上，以木色、白色、灰色、灰绿色等为色彩主基调，既能体现本案几大主题选色，又能和室内整体空间环境取得协调与统一。

⑤ 考虑到家具逐步向智能化发展的趋势，在书架设计、室内环境及灯光设计等方面，积极引入光触媒技术和静电吸尘技术，对图书和室内环境进行消毒、杀菌与除尘。

> **照明设计建议**

本案照明区域主要为公共区域、阅览室、自习室、书库、办公室等区域。根据各区域的工况条件及工作特点，进行系统性的灯光照明设计。

①　对于人员活动较少的区域，设置人体红外感应控制器，实施人性化自动控制。

②　在各阅览室中设置照度采集器，根据室内照度情况，自动控制灯具开起数量。多媒体阅览室、报告厅等处则实施了自动调光。

③　书库的照明控制主要考虑管理及安全的需要，设置红外感应器，当有人进入时，将自动开起通道照明。

④　办公区域的公共走道照明设置了多点控制器，控制较长走道的照明节电。

⑤　馆内应急照明充分利用智能照明控制系统，结合火灾报警系统实现集中、自动控制。

参考文献

［1］约翰·派尔. 世界室内设计史【M】. 刘先觉，陈宇琳，等译. 北京：中国建筑工业出版社，2007.

［2］程大锦. 室内设计图解【M】. 大连：大连理工大学出版社，2003.

［3］霍维国，霍光. 中国室内设计史（第二版）【M】. 北京：中国建筑工业出版社，2003.

［4］卢安·尼森，雷·福克纳，萨拉·福克纳，等. 美国室内设计通用教材【M】. 陈德民，陈青，王勇，等译. 上海：上海人民美术出版社，2004.

［5］吴家骅，朱淳. 环境艺术设计【M】. 上海：上海书画出版社，2003.

［6］郑曙旸. 室内设计＋构思与项目【M】. 北京：中国建筑工业出版社，2016.

［7］郑曙旸. 室内设计思维与方法【M】. 北京：中国建筑工业出版社，2003.

［8］陈镌，莫天伟. 建筑细部设计（第二版）【M】. 上海：同济大学出版社，2008.

［9］麦克法兰. 照明设计与空间效果【M】. 张海峰，译. 贵阳：贵阳科技出版社，2005.

［10］王静. 日本现代空间与材料表现【M】. 南京：东南大学出版社，2005.

［11］高祥生. 室内装饰装修构造图集【M】. 北京：中国建筑工业出版社，2011.

［12］张绮曼，郑曙旸. 室内设计资料集【M】. 北京：中国建筑工业出版社，1991.

［13］许伯村. 材料的魅力：当代家具设计（丛书）【M】. 南京：东南大学出版社，2005.

［14］郑曙旸. 室内设计师培训教材【M】. 北京：中国建筑工业出版社，2009.

［15］菲莉丝·斯隆·艾伦，琳恩·M. 琼斯，米丽亚姆·F. 斯廷普森. 室内设计概论（原著第9版）【M】. 胡剑虹，等译. 北京：中国林业出版社，2010.

［16］帕特·格思里. 室内设计师便携手册（原著第2版）【M】. 蔡红，译. 北京：中国建筑工业出版社，2008.

［17］克里斯·格莱姆雷，米米·乐弗. 室内设计技术标准常备手册【M】. 梅隽，蔡燕，译. 上海：上海人民美术出版社，2008.

［18］程宏，樊灵燕，赵杰. 室内设计原理【M】. 北京：中国电力出版社，2008.

［19］王叶. 室内设计项目式教学基础教程【M】. 武汉：华中科技大学出版社，2013.

［20］夏万爽，欧亚丽. 室内设计基础与实务【M】. 上海：上海交通大学出版社，2012.

［21］任文东，杨静. 室内设计创新思维与表达【M】. 沈阳：辽宁美术出版社，2015.